Kemper
Gerätekunde Tragbare Leitern

Fachwissen Feuerwehr

AF875487

FACHWISSEN FEUERWEHR

Kemper

GERÄTEKUNDE TRAGBARE LEITERN

ecomed
SICHERHEIT

Bibliografische Informationen der deutschen Nationalbibliothek

Die Deutsche Nationalbibliothek verzeichnet diese Publikation in der Deutschen Nationalbibliografie; detaillierte bibliografische Daten sind im Internet über http://www.dnb.de abrufbar.

Bei der Herstellung des Werkes haben wir uns zukunftsbewusst für umweltverträgliche und wiederverwertbare Materialien entschieden. Der Inhalt ist auf chlorfrei gebleichtes Papier gedruckt.

Umschlagseite 1: Das Piktogramm unten rechts entstammt der DIN EN 1147:2000-09. Es ist wiedergegeben mit der Erlaubnis von DIN Deutsches Institut für Normung e.V. Maßgebend für das Anwenden der Norm ist deren Fassung mit dem neuesten Ausgabedatum, die bei der Beuth Verlag GmbH, Am DIN Platz, Burggrafenstraße 6, 10787 Berlin, erhältlich ist.

ISBN 978-3-609-69642-3

E-Mail: kundenservice@ecomed-storck.de

Telefon: 089/2183–7922
Telefax: 089/2183–7620

© 2018 ecomed SICHERHEIT, ecomed-Storck GmbH,
Landsberg am Lech

www.ecomed-storck.de

Dieses Werk, einschließlich aller seiner Teile, ist urheberrechtlich geschützt. Jede Verwertung außerhalb der engen Grenzen des Urheberrechtsgesetzes ist ohne Zustimmung des Verlages unzulässig und strafbar. Dies gilt insbesondere für Vervielfältigungen, Übersetzungen, Mikroverfilmungen und die Einspeicherung und Verarbeitung in elektronischen Systemen.

Satz: Fotosatz Pfeifer, 82152 Krailling
Druck: Kessler Druck + Medien, 86399 Bobingen

Vorwort

Die Aufgaben der Feuerwehren haben sich im Laufe der letzten Jahre erheblich verändert. Genügte es in der Vergangenheit oftmals Brände zu bekämpfen und Brandgefahren zu beseitigen, müssen heute selbst kleinere Feuerwehren die unterschiedlichsten Notlagen meistern können, um in Not geratene Menschen oder Tiere zu retten, Sachwerte zu erhalten und die Umwelt vor schädlichen Einwirkungen zu bewahren. Diesem Anspruch gewachsen zu sein, stellt hohe Anforderungen an die Einsatzbereitschaft der Feuerwehrangehörigen, an deren fachliche Kenntnisse und an ihre Ausstattung mit zeitgemäßen technischen Geräten.

Dabei ist zu berücksichtigen, dass die zur Erfüllung der umfangreichen Aufgaben der Feuerwehr notwendige Aus- und Weiterbildung von den meist nebenberuflich tätigen Angehörigen der Feuerwehren zusätzlich zu den weiter steigenden Anforderungen in deren Berufsleben und den vielfältigen Verpflichtungen im privaten oder familiären Bereich geleistet werde muss. Letztlich liegt es an jedem Feuerwehrangehörigen selbst, ob und in welchem Umfang er bereit ist, sich durch eine regelmäßige und aktive Teilnahme an der angebotenen Aus- und Weiterbildung den gesteigerten Anforderungen der Feuerwehr zu stellen.

Das Ziel der Broschürenreihe „Fachwissen Feuerwehr“ besteht darin, die Feuerwehrangehörigen mit dem Wissen auszustatten, das heute erforderlich ist, um aufgabengerecht und wirkungsvoll tätig zu werden. Sie wird vorrangig für die Feuerwehrangehörigen herausgegeben, die erstmals in das jeweilige Thema „einsteigen“ und für diejenigen, die sich ein solides Basiswissen aneignen möchten. Die Inhalte der Broschüren entsprechen weitgehend den Inhalten und Vorgaben der Feuerwehr-Dienstvorschrift FwDV 2 „Ausbildung der Freiwilligen Feuerwehren“ und den daraus abgeleiteten Lernzielkatalogen. Deshalb können diese Broschüren auch gut zur Lehrgangsvorbereitung und -begleitung genutzt werden.

Die Texte und Abbildungen sind in leicht verständlicher Weise dargestellt; Hinweise und Merksätze filtern die für die Praxis wichtigen Informationen heraus. Auf die Verwendung spezieller Formeln und wenig gebräuchlicher Begriffe und Einheiten wird weitgehend verzichtet. Die Angaben technischer Daten erfolgt ohne Gewähr. Die Funktionsbezeichnungen und personenbezogenen Begriffe gelten sowohl für weibliche als auch für männliche Feuerwehrangehörige.

Diese Broschüre „Gerätekunde Tragbare Leitern“ befasst sich mit den Leitern, die vornehmlich für die Rettung von Personen (und Tieren) eingesetzt werden. Damit die Einsatzkräfte der Feuerwehr mit den tragbaren Leitern den größtmöglichen Erfolg erzielen können, müssen sie zunächst die jeweiligen Leitern, ihre Ausführungen und auch ihre Funktion genau kennen. Eine sichere und schnelle Rettung ist erreichbar, wenn die Einsatzkräfte darüber hinaus auch die zweckmäßige Anwendung der Leitern beherrschen.

Deshalb werden neben der Technik der tragbaren Leitern auch die Grundlagen der Feuerwehr-Dienstvorschrift FwDV 10 „Die tragbaren Leitern“ erläutert. Diese Feuerwehr-Dienstvorschrift beschreibt die Art und die Anwendungsmöglichkeiten der von den Feuerwehren verwendeten tragbaren Leitern. Für die Vornahme der jeweiligen Leitern werden die Aufgabenverteilung der Einsatzkräfte und die notwendige Handhabung bei der Entnahme, dem Tragen, dem Aufstellen und dem Besteigen der tragbaren Leitern beschrieben.

Hinweis: Der Autor bedankt sich bei der Feuerwehr Paderborn – Löschzug Stadtmitte für die Unterstützung bei der Erstellung der Abbildungen für diese Broschüre.

Geseke, im Februar 2018 Hans Kemper

Inhalt

1 **Einleitung** 9

2 **Grundlagen** 11

2.1 Tragbare Leitern gemäß DIN EN 1147 11
2.1.1 Begriffe 12
2.1.2 Einteilung der Leitern 12
2.1.3 Technische Anforderungen 13
2.1.4 Kennzeichnung 13
2.1.5 Empfehlungen für die Benutzung der Leitern 14
2.2 Wiederkehrende Prüfung der Leitern 15
2.3 Lagerung der Leitern 16
2.4 Einsatz tragbarer Leitern 18
2.5 Selbstkontrolle und Testfragen 19

3 **Ausführungen** 20

3.1 Steckleiter 21
3.1.1 Steckleiterteil 21
3.1.2 Ausführungen 22
3.1.3 Einsteckteil 23
3.1.4 Steckleiter-Verbindungsteil 24
3.2 Schiebleiter 25
3.2.1 Aufbau und Funktion 26
3.3 Multifunktionsleiter 27
3.3.1 Aufbau und Funktion 27
3.3.2 Zubehör 29
3.4 Hakenleiter 31
3.5 Klappleiter 32
3.6 Nicht genormte tragbare Leitern 33
3.7 Selbstkontrolle und Testfragen 36

4 Einsatzgrundsätze **38**

4.1 Bestimmung des Anstellwinkels 39
4.2 Besteigen der Leitern 40
4.3 Ein- oder Übersteigen 41
4.4 Sichern von Personen 42
4.5 Sicherheitshinweise 43
4.6 Selbstkontrolle und Testfragen 45

5 Vornahme tragbarer Leitern **46**

5.1 Vornahme einer Steckleiter 47
5.1.1 Vornahme durch zwei Trupps 47
5.1.2 Vornahme durch drei Einsatzkräfte 50
5.1.3 Verlängern durch Untersetzen 51
5.1.4 Einsatz als Hilfsgerät 52
5.2 Vornahme einer Schiebleiter 53
5.3 Vornahme einer Multifunktionsleiter 59
5.3.1 Verwendung als Anlegeleiter 59
5.3.2 Verwendung als Anlegeleiter mit Aufsteckleiter 61
5.3.3 Verwendung als Stehleiter 62
5.3.4 Verwendung als Stehleiter mit Aufsteckleiter 64
5.3.5 Verwendung als Einhängeleiter 65
5.4 Vornahme einer Hakenleiter 67
5.5 Vornahme einer Klappleiter 68
5.6 Selbstkontrolle und Testfragen 69

6 Literatur- und Quellenverzeichnis **71**

Lösungen **72**

1 Einleitung

Das Retten zählt zu den vorrangigsten Aufgaben der Feuerwehren. Die von den Feuerwehren hierfür eingesetzten Rettungsgeräte sind dazu geeignet und können dafür genutzt werden, um Menschen (oder Tiere) aus einem Gefahrenbereich herauszuführen oder aus einer lebensbedrohlichen Zwangslage zu befreien. Zum Teil können sie auch zum Vortragen eines Löschangriffes oder für sonstige Einsatzmaßnahmen an einer Einsatzstelle verwendet werden. Zu den von den Feuerwehren häufig verwendeten Rettungsgeräten gehören vor allem die tragbaren Leitern.

Tragbare Leitern werden verwendet, wenn Einsatzmaßnahmen in höher oder tiefer gelegenen Bereichen erforderlich sind, der Höhenunterschied von

Abbildung 1:
„Brand in einem Wohngebäude – Menschenrettung über tragbare Leiter!“
(Quelle: Marc Köppelmann, Paderborn)

der vorgesehenen Leiter sicher abgedeckt wird und andere Rettungsgeräte nicht in der nötigen Zeit verfügbar sind. Dabei werden die tragbaren Leitern für die Rettung von Menschen (und Tieren) aus Höhen und Tiefen (= Rettungsweg), zur Überwindung von Höhenunterschieden und anderen Hindernissen bei Brand- und Hilfeleistungseinsätzen (= Angriffsweg) oder bei sonstigen Einsätzen (= Hilfsgerät) der Feuerwehr verwendet. Sie stellen neben den Hubrettungsfahrzeugen oftmals den letztmöglichen Rettungs- oder Angriffsweg dar. Dabei ist zu berücksichtigen, dass Hubrettungsfahrzeuge in engen Altstadtbereichen, in Hinterhöfen oder auf unbefestigten Flächen in der Regel nicht einsetzbar sind. Dies unterstreicht die Notwendigkeit der Vorhaltung von tragbaren Leitern, die dann von geschulten Einsatzkräften in kürzester Zeit vorgenommen werden müssen.

Tragbare Leitern werden zum Beispiel eingesetzt, wenn Zugänge eines Gebäudes oder einer baulichen Anlage wegen Abbrand oder Einsturzgefahr nicht mehr benutzt werden können oder wenn Einsätze außerhalb eines Gebäudes oder im Freien durchgeführt werden müssen, zum Beispiel auf Bäume oder Masten. Mit tragbaren Leitern kann auch in tiefer gelegene Gebäudeteile eingestiegen werden, zum Beispiel in Schächte, Gruben oder Keller. Außerdem können tragbare Leitern behelfsmäßig für andere Zwecke eingesetzt werden, zum Beispiel als Schlauchbrücke, zum Überbrücken von Hindernissen oder als Leiterhebel.

In Form und Gestaltung sind tragbare Leitern der Feuerwehr zunächst anderen Leitern aus dem gewerblichen oder privaten Bereich ähnlich, sie sind jedoch für stärkere Beanspruchungen ausgelegt. Ihr Einsatz unter widrigen Umständen erfordert, dass sie ein höheres Maß an Sicherheit bieten als es bei den sonstigen Leitern der Fall ist.

2 Grundlagen

Tragbare Leitern sind die Leitern, die auf Feuerwehrfahrzeugen mitgeführt, an der Einsatzstelle von Einsatzkräften vom Fahrzeug genommen, zum vorgesehenen Einsatzort getragen und dort von ihnen aufgestellt werden. Sie bestehen grundsätzlich aus den seitlichen (senkrechten) Holmen und den dazwischenliegenden (waagerechten) Sprossen. Das untere Ende einer tragbaren Leiter wird als Leiterfuß, das obere Ende als Leiterkopf bezeichnet. Während die tragbaren Leitern in der Vergangenheit aus Holz hergestellt wurden und auch noch im Einsatz sind, bestehen die tragbaren Leitern heute meist aus Leichtmetall (Aluminium-Legierung). Diese haben ein geringeres Gewicht und sind auch weniger wartungs- und verschleißanfällig.

Hinweis: Beim Einsatz im Bereich spannungsführender Teile ist jedoch zu beachten, dass Leitern aus Leichtmetall elektrisch leitfähig sind!

2.1 Tragbare Leitern gemäß DIN EN 1147

In der DIN EN 1147 „Tragbare Leitern für die Verwendung bei der Feuerwehr" werden Anforderungen, Prüfverfahren und Leistungsmerkmale für die von europäischen Feuerwehren im Rahmen der üblichen Brandbekämpfung und Hilfeleistung genutzten tragbaren Leitern beschrieben. Bei der Erarbeitung dieser Norm wurde berücksichtigt, dass tragbare Leitern bei den Feuerwehren innerhalb der europäischen Länder unterschiedlich eingesetzt werden. Deshalb kann es für bestimmte Länder notwendig sein, zusätzliche Festlegungen zu treffen. Der zuständige Arbeitsausschuss im Normenausschuss Feuerwehrwesen (FNFW) im Deutschen Institut für Normung e. V. hat deshalb die DIN EN 1147 Beiblatt 1 „Tragbare Leitern für die Feuerwehr nach DIN EN 1147 – Beiblatt 1: Klappleiter, Hakenleiter, Schiebleiter, Steckleiter, Einsteckteil, Steckleiter-Verbindungsteil, Multifunktionsleiter" erarbeitet, die notwendige Informationen zu den von den deutschen Feuerwehren verwendeten tragbaren Leitern enthält und so die europäisch vereinheitlichte Norm für tragbare Leitern ergänzt.

2.1.1 Begriffe

In der DIN EN 1147 werden unter anderem folgenden Begriffe erläutert:

- Der **Anstellwinkel** ist der Winkel zwischen der horizontalen Standfläche und der Unterkante der Leiterholme in Gebrauchsstellung.
- Die **Gesamtlänge** einer Leiter ist der Abstand, der vom Fußpunkt der Leiter bis zur Spitze bei maximaler Länge gemessen wird.
- Eine **Hakenleiter** ist eine Leiter, die mit Haken ausgestattet ist, an denen sie in Gebrauchsstellung hängt.
- Eine **Klappleiter** ist eine Leiter, bei der die einzelnen Sprossen mit Gelenken versehen sind, so dass sie zusammengeklappt werden kann.
- Eine **Multifunktionsleiter** ist eine Leiter, die so gestaltet ist, dass sie in mehr als einer Funktion eingesetzt werden kann.
- Eine **Rettungsleiter** ist eine Leiter, die zur Rettung von Personen durch Hinauf- oder Heruntertragen der Person geeignet ist.
- Eine **Schiebleiter** ist eine Leiter mit zwei oder mehr aneinander vorbei gleitenden Leiterteilen, bei der die oberen Teile mechanisch (durch Auszugs- oder Drahtseil) ausgezogen werden.
- Eine **Steckleiter** ist eine Leiter, die aus mehreren Leiterteilen besteht, die zusammengesteckt werden können.
- Die **Zugangsleiter** ist eine Leiter, die nur den Zugang zu einem Objekt ermöglicht, zum Beispiel eine Klappleiter. Die Rettung von Personen durch Hinauf- oder Heruntertragen wird nicht empfohlen.

2.1.2 Einteilung der Leitern

Tragbare Leitern werden gemäß DIN EN 1147 nach Typen, nach der maximal zulässigen Personenzahl auf der Leiter und der zulässigen Einsatzart unterteilt. Dabei wird die Zahl von Personen, die gleichzeitig auf einer Leiter stehen dürfen, auf die Gesamtlänge der jeweiligen Leiter bezogen. Die Personen sollen gleichmäßig auf der Leiter verteilt sein. Der Mindestabstand untereinander sollte zwei Meter betragen. Als Einsatzarten sind entweder „Rettung und Zugang" oder nur „Zugang" festgelegt.

2.1.3 Technische Anforderungen

Tragbare Leitern gemäß DIN EN 1147 werden aus Leichtmetall (Aluminium-Legierung) oder aus Holz gefertigt, die Beschläge und Anbauteile aus Stahl oder Kunststoff. Korrosionsgefährdete Bauteile der Leitern sind mit einem Schutzüberzug versehen. Die Leitern sind so hergestellt, dass keine scharfen Kanten oder Grate vorhanden sind, die eine Gefahr für Benutzer der Leiter darstellen können. Die Holme der Leitern, die mit dem Boden in Berührung kommen, sind am Leiterfuß rutschfest ausgestattet, um bei der Verwendung der Leiter ein Weggleiten zu verhindern. Die Sprossen müssen über flache oder gewölbte rutschfeste Trittflächen verfügen. An Leitern mit einer Länge von mehr als 11 Metern sind zur Abstützung und Stabilisierung bei der Verwendung Stützen anzubringen.

Die zulässige Gesamtmasse einer Leiter, die von einer Person eingesetzt wird, darf nicht mehr als 25 Kilogramm betragen, die Gesamtmasse einer Hakenleiter nicht mehr als 15 Kilogramm. Für alle anderen Leitern gilt eine zulässige Gesamtmasse von 8 Kilogramm pro Meter der Gesamtlänge.

2.1.4 Kennzeichnung

Tragbare Leitern müssen gemäß DIN EN 1147 entsprechend ihrer Verwendung deutlich sichtbar und dauerhaft gekennzeichnet sein. Die Kennzeichnung muss in einer Höhe zwischen 1,5 und 2,0 Meter oberhalb der Leiterfüße (im Sichtbereich) angebracht sein. Zur Kennzeichnung gehören neben der Nummer und dem Ausgabedatum der Norm auch der Name oder das Kennzeichen des Herstellers und das Herstellungsjahr. Die Anzahl der Personen, die bei der Verwendung gleichzeitig auf einer Leiter stehen dürfen, muss deutlich sichtbar an der Leiter angegeben sein. An Zugangsleitern muss zusätzlich gekennzeichnet sein, dass die Rettung durch Hinauf- oder Heruntertragen nicht empfohlen wird.

Hinweis: Zusätzlich zu dieser Kennzeichnung können weitere Kennzeichnungen für bestimmte Leitern notwendig sein, um zum Beispiel die Gefahr einer Überlastung einzelner Leiterteile auszuschließen.

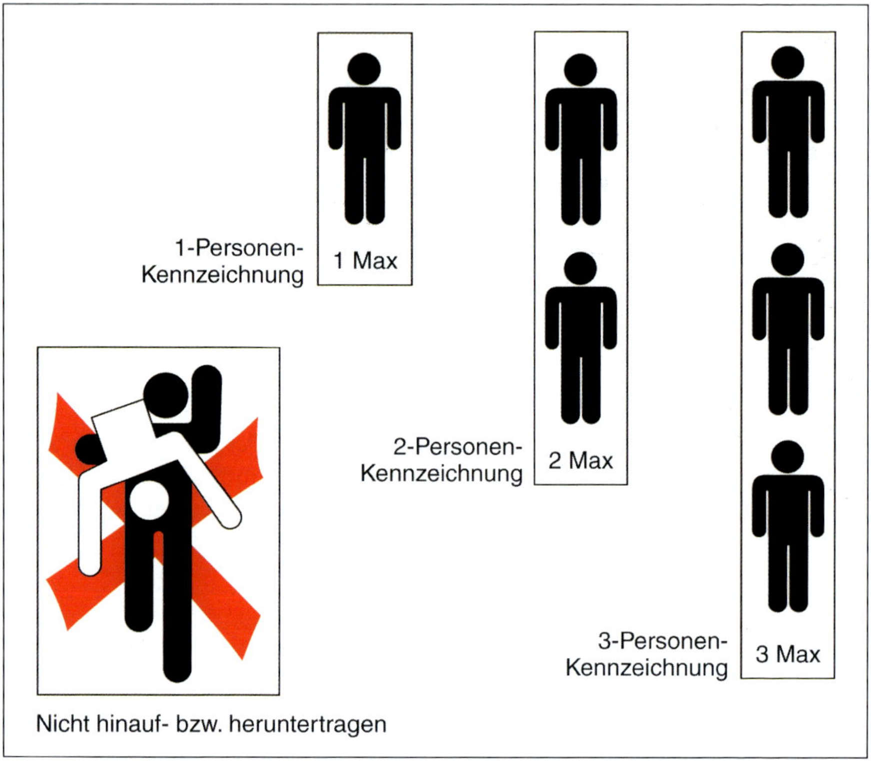

Abbildung 2: Sicherheitskennzeichnung gemäß DIN EN 1147[1]

2.1.5 Empfehlungen für die Benutzung der Leitern

In der DIN EN 1147 sind Empfehlungen für die Benutzung der Leitern aufgeführt, die der Sicherheit der Einsatzkräfte dienen. Diese Empfehlungen sind zusätzlich zu den entsprechenden Vorgaben der Unfallverhütungs- und Feuerwehr-Dienstvorschriften zu beachten.

[1] Wiedergegeben mit Erlaubnis von DIN Deutsches Institut für Normung e.V. Maßgebend für das Anwenden der Norm ist deren Fassung mit dem neuesten Ausgabedatum, die bei der Beuth Verlag GmbH, Am DIN Platz, Burggrafenstraße 6, 10787 Berlin, erhältlich ist.

Zu den Empfehlungen gehört der Hinweis, dass die in der Norm beschriebenen Leitern nur für den Gebrauch durch entsprechend ausgebildete Feuerwehrangehörige bestimmt sind. Bei einer bestimmungsgemäßen Verwendung müssen die Personen gleichmäßig auf der Leiter verteilt sein, der Abstand zwischen diesen Personen sollte dabei mindestens zwei Meter betragen. Des Weiteren sollte der Einsatz angelehnter Leitern vorzugsweise bei einem Anstellwinkel von etwa 75 Grad erfolgen. Hinsichtlich der Belastung der Leitern wurde die zu berücksichtigte Masse eines Feuerwehrangehörigen einschließlich seiner persönlichen Schutzausrüstung und einem Atemschutzgerät (zum Beispiel einem Pressluftatmer) auf 108 Kilogramm festgelegt.

2.2 Wiederkehrende Prüfung der Leitern

Gemäß der DGUV Vorschrift 49 „Unfallverhütungsvorschrift Feuerwehren“ sind tragbare Leitern nach jeder Benutzung einer Sichtprüfung auf Abnutzung und Fehlerstellen zu unterziehen. Darüber hinaus müssen tragbare Leitern regelmäßigen Sicht- und Belastungsprüfungen unterzogen werden. Über das Ergebnis der Prüfungen ist ein schriftlicher Nachweis zu führen. In der DIN EN 1147 heißt es dazu weiterhin, dass die Leitern durch geschultes Personal nach den Anweisungen des Herstellers zum Beispiel einmal im Monat und nach jedem Gebrauch zu inspizieren und instand zu halten sind.

Beschädigte oder mangelhafte Leitern müssen vor einem weiteren Einsatz außer Betrieb genommen, repariert und erneut geprüft werden. Dies gilt vor allem für Leitern, die – zum Beispiel in einem Notfall – anderweitig als für den normalen Verwendungszweck benutzt wurden und dabei einer besonderen Stoßbelastung, einer längeren Wärmeeinwirkung oder einer sonstigen ungewöhnlichen Anwendungsbedingung ausgesetzt waren.

Hinweis: Die Art, der Zeitpunkt, der Umfang und die Durchführung der gemäß Unfallverhütungsvorschrift erforderlichen Prüfungen sind aus dem DGUV Grundsatz 305-002 „Prüfgrundsätzen für Ausrüstung und Geräte der Feuerwehr“ ersichtlich. Weiterhin sind die Angaben in den jeweiligen Gebrauchsanleitungen der Hersteller zu berücksichtigen.

2.3 Lagerung der Leitern

Tragbare Leitern werden in der Regel auf dem Fahrzeugdach der Einsatzfahrzeuge gelagert. Die Lagerung muss so erfolgen, dass die Leiterholme flächig aufliegen. Dabei ist sicherzustellen, dass die Verriegelungen an den Leiterhalterungen einwandfrei geschlossen sind, damit die Leitern beim Bewegen des Fahrzeuges sicher gehalten werden.

Abbildung 3: Lagerung tragbarer Leitern auf dem Fahrzeugdach (Quelle: Kemper)

Steckleiterteile werden paarweise zusammengesteckt (beim Tragkraftspritzenfahrzeug TSF oder TSF-W auch einzeln) und übereinanderliegend in entsprechenden Leiterhalterungen auf dem Fahrzeugdach gelagert. Die Leiterköpfe zeigen dabei in Fahrtrichtung. Bei Steckleiterteilen aus Holz zeigen die Schrägflächen der Holmenden am Leiterkopf nach oben. Das mit dem Einsteckteil ausgestattete Steckleiterteil (oder das A-Teil) wird bei übereinander gelagerten Teilen immer unten gelagert.

Schiebleitern werden mit der Oberleiter nach unten und dem Leiterkopf in Fahrtrichtung in entsprechenden Leiterhalterungen auf dem Fahrzeugdach gelagert. Multifunktionsleitern können zusammengeklappt, mit den Scharnieren in Fahrtrichtung, auf dem Fahrzeugdach gelagert werden. Aufgrund der geringen Transportlänge von nur 2,30 Meter können die Multifunktionsleitern auch längs oder quer innerhalb des Fahrzeugsaufbaus untergebracht werden. Dies hat den Vorteil, dass die Leitern dann direkt vom Boden aus entnommen werden können. Klappleitern werden zusammengeklappt und hochkant, mit den Leiterholmen übereinander, auf dem Fahrzeugdach gelagert. Hakenleitern werden ebenfalls hochkant auf dem Fahrzeugdach gelagert. Der Leiterkopf mit dem eingeklappten Haken zeigt dabei in Fahrtrichtung.

■ Leiterentnahmehilfen

Für eine ergonomische und sichere Entnahme von tragbaren Leitern vom Dach eines Einsatzfahrzeuges eignen sich besonders mechanische oder kraftbetriebene Leiterentnahmehilfen.

Abbildung 4:
Leiterentnahmehilfen (Quelle: Schlingmann GmbH & Co. KG, Dissen)

2.4 Einsatz tragbarer Leitern

Die Einsatzkräfte der Feuerwehr müssen jederzeit in der Lage sein, die auf Feuerwehrfahrzeugen mitgeführten tragbaren Leitern – vor allem die Steck- und Schiebleitern – in kürzester Zeit entsprechend den jeweiligen Vorgaben der Feuerwehr-Dienstvorschrift FwDV 10 „Tragbare Leitern“ einzusetzen, vor allem, um eine schnelle und sichere Rettung von Personen zu ermöglichen. Zum Einsatz tragbarer Leitern gehören

- das Entnehmen vom Fahrzeug,
- das Transportieren zum vorgesehenen Einsatzort und
- das Aufrichten und Aufstellen der Leitern.

Darüber hinaus muss von jeder Einsatzkraft, die in einem Angriffs- oder Sicherheitstrupp eingesetzt werden soll, erwartet werden, dass sie auch in der Lage ist, diese Leitern ohne Einschränkungen und in der gesamten Länge zu besteigen. Der Einsatz tragbarer Leitern muss aus diesem Grund zum festen Aus- und Fortbildungsprogramm jeder Feuerwehr gehören und sollte auch im Rahmen der allgemeinen praktischen Ausbildung immer wieder gründlich geübt werden. Dabei ist auch ein gewisses „drillmäßiges“ Einüben der einzelnen Handgriffe durchaus sinnvoll und erforderlich.

2.5 Selbstkontrolle und Testfragen

(Lösungen siehe Seite 72)

1. Wozu werden von der Feuerwehr tragbare Leitern verwendet?

a) Zur Rettung von Menschen (und Tieren) aus Höhen und Tiefen
b) Zur Überwindung von Höhenunterschieden und anderen Hindernissen
c) Bei sonstigen Einsätzen als Hilfsgerät
d) Zum Aufstieg in der Feuerwehrhierarchie

2. Welche Aussagen über tragbare Leitern sind richtig?

a) Sie werden auf Feuerwehrfahrzeugen mitgeführt und von Einsatzkräften am vorgesehenen Einsatzort aufgestellt.
b) Sie bestehen aus waagerechten Holmen und senkrechten Sprossen.
c) Sie bestehen aus seitlichen Holmen und dazwischenliegenden Sprossen.
d) Sie werden ausschließlich aus Holz hergestellt.

3. Welche Kennzeichnungen sind an tragbaren Leitern anzubringen?

a) Name oder Kennzeichen des Herstellers und Herstellungsjahr
b) Anzahl der Personen, die die Leiter in Stellung bringen müssen
c) Anzahl der Personen, die gleichzeitig auf der Leiter stehen dürfen
d) Kennzeichnung der Richtung des Hinauf- und Heruntertragens
e) Kennzeichnung „Nicht hinauf- oder heruntertragen“ (an Zugangsleitern)

4. Welche Empfehlungen für die Benutzung der tragbaren Leitern sind in der DIN EN 1147 aufgeführt?

a) Gebrauch durch entsprechend ausgebildete Feuerwehrangehörige
b) Gebrauch nur durch schwindelfreie Feuerwehrangehörige
c) Bei der Verwendung ungleichmäßig auf der Leiter verteilte Personen
d) Bei der Verwendung gleichmäßig auf der Leiter verteilte Personen
e) Vorzugsweiser Anstellwinkel von etwa 75 Grad
f) Vorzugsweiser Anstellwinkel von etwa 71 Grad

3 Ausführungen

Zu den üblicherweise verwendeten tragbaren Leitern der Feuerwehr gehören die genormten Steckleitern, Schiebleitern, Multifunktionsleitern, Klappleitern und Hakenleitern sowie die nicht genormten Teleskopleitern, Strickleitern und Steckstrickleitern. Die nachfolgende Aufstellung gibt einen Überblick über die Einsatzlängen dieser Leitern und der mit ihnen erreichbaren Einsatzhöhen. Die Einsatzlängen der Leitern unterscheiden sich von den erreichbaren Einsatzhöhen, da angelehnten Leitern gemäß DGUV Information 208-016 „Handlungsanleitung für den Umgang mit Leitern und Tritten" in einem Anstellwinkel von 65 bis 75 Grad zur Waagerechten und mit einem Überstand von einem Meter (drei Sprossen) aufgestellt werden müssen.

Tabelle 1: Einsatzlängen und -höhen der tragbaren Leitern

Leitertyp	Einsatzlänge	erreichbare Einsatzhöhe[1)]
einteilige Steckleiter	2,70 m	etwa 1,60 m
zweiteilige Steckleiter	4,60 m	etwa 3,40 m
dreiteilige Steckleiter	6,50 m	etwa 5,20 m
vierteilige Steckleiter	8,40 m	etwa 7,00 m
Schiebleiter	14,00 m	etwa 12,10 m
Multifunktionsleiter	abhängig von der gewählten Verwendung	
Hakenleiter	4,40 m	theoretisch nicht begrenzt
Klappleiter	3,00 m	etwa 1,90 m
Teleskopleiter	abhängig von der gewählten Verwendung	
Strickleiter	7,00 m	7,00 m[2)]
Steckstrickleiter	10,00 m	10,00 m[2)]

1) bei einem Anstellwinkel von 70 Grad und einem Leiterüberstand von einem Meter
2) senkrecht hängend

3.1 Steckleiter

Eine Steckleiter wird aus bis zu vier einzeln zusammengesteckten Leiterteilen gebildet. Sie dient der Feuerwehr im Einsatz als Angriffs-, Rettungs- oder Hilfsgerät und ist die in der Feuerwehr am häufigsten eingesetzte tragbare Leiter. Mit einer vierteiligen Steckleiter kann bis zum 2. Obergeschoss eines Gebäudes mit normalen Raum- und Brüstungshöhen gestiegen werden, bei Einsätzen zur Rettung von Menschen sogar bis zu einer Brüstungshöhe von etwa 8 Meter über der Geländeoberfläche.

Die Steckleiterteile können auch für verschiedene andere Aufgaben verwendet werden. Sie eignen sich zum Beispiel

- zum Absteigen in tiefer gelegene Bereiche oder Räume,
- zur Sicherung beim Begehen von schiefen Ebenen und Böschungen,
- zum Überbrücken von Hindernissen, Gräben oder schmalen Gewässern,
- zum Unterlegen bei einbruchgefährdeten Flächen oder Dächern,
- zur Rettung von eingebrochenen Personen von Eisflächen (Eisrettung),
- zusammen mit einer Krankentrage zum Ablassen oder Hochziehen von Personen (Leiterhebel) sowie
- zum Bau von Behelfsgerüsten.

Hinweis: Bei der Verwendung als Anlegeleiter dürfen nur maximal vier Steckleiterteile zusammengesteckt werden!

3.1.1 Steckleiterteil

Steckleiterteile werden aus Leichtmetall oder Holz gefertigt. Ein Steckleiterteil ist etwa 2,70 Meter lang; zusammengesteckt ergeben sich dann die in der Tabelle 1 angegebenen Einsatzlängen. Die Holmenden eines Steckleiterteils aus Holz sind durch spezielle Beschlagteile aus Stahl geschützt. Die Holmenden eines Leiterteils aus Leichtmetall sind mit profilierten, rutschhemmenden Fußkappen aus Gummi versehen, die Sprossen mit wärmeisolierenden, gleithemmenden und griffsicheren Sprossenbelägen.

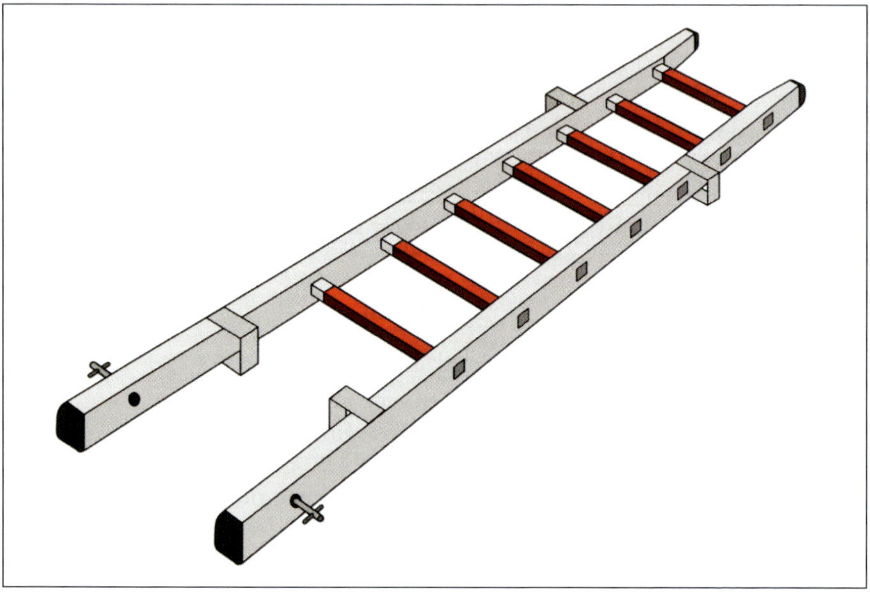

Abbildung 5: Schematische Darstellung eines Steckleiterteils aus Leichtmetall (B-Teil)

An den Leiterholmen der Steckleiterteile sind im Fußbereich innen und im Kopfbereich außen Steckkästen angebracht. Beim Zusammenstecken einer mehrteiligen Steckleiter nehmen diese die Holmenden des nächsten Steckleiterteils auf und geben ihm Halt. Durch außenliegende Schnappschlösser an den Leiterfüßen, die hinter einen Anschlag am Leiterkopf des jeweils unteren Steckleiterteils einrasten, werden die Leiterteile miteinander befestigt. Die Steckleiterteile sind so ausgeführt, dass sich Leiterteile aus Leichtmetall und Holz auch im Austausch zusammenstecken lassen.

3.1.2 Ausführungen

Steckleiterteile werden in A- und B-Teile unterschieden. Im Gegensatz zu den B-Teilen haben A-Teile im unteren Bereich zwei zusätzliche Sprossen, dafür aber keine Steckkästen und keine Spannschlösser. Sie können aus diesem Grund nur als Unterleiter eingesetzt werden. Die Normen für Feuerwehrfahrzeuge sehen als Beladung nur noch B-Teile vor. Diese Festlegung ermöglicht es, alle Leiterteile einer vierteiligen Steckleiter in beliebiger Reihenfolge zusammenzustecken. Ein Nachteil ist jedoch, dass am Leiterfuß des B-Teils zwei Sprossen fehlen, was sowohl beim Aufstieg auf die Leiter als auch beim Abstieg von der Leiter zu einer erheblichen Unfallgefahr führt, vor allem dann, wenn die unteren Steckkästen als Auftritthilfe missbraucht werden. Aufgrund dessen sind die mitgeführten Steckleiterteile (B-Teile) grundsätzlich durch ein Steckleiter-Einsteckteil zu ergänzen.

3.1.3 Einsteckteil

Ein Einsteckteil aus Leichtmetall oder Holz überbrückt den großen Abstand zwischen der Aufstellfläche der Steckleiter und der untersten Sprosse eines B-Teils. Es besteht aus seitlichen Holmen mit zwei dazwischenliegenden Sprossen und Steckkästen am unteren Ende der Holme. Einsteckteile sind in den Beladelisten der aktuell genormten Löschfahrzeuge als Ergänzung zur jeweils mitgeführten vierteiligen Steckleiter grundsätzlich enthalten. Vorhandene Löschfahrzeuge, die nur mit B-Teilen beladen sind, sollten mit einem Einsteckteil nachgerüstet werden.

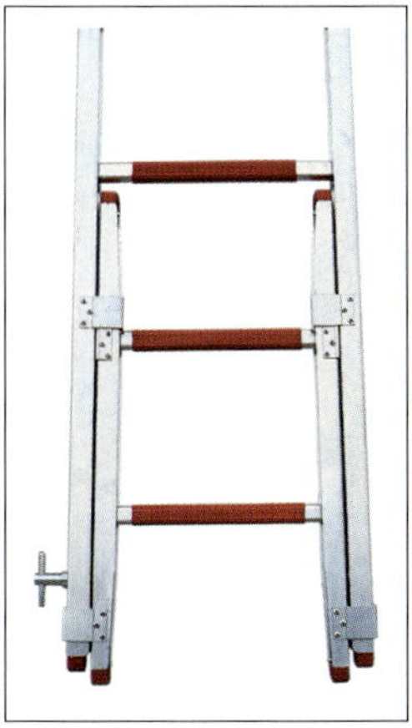

Abbildung 6:
Einsteckteil aus Leichtmetall, im eingesteckten Zustand (Quelle: GÜNZBURGER STEIGTECHNIK GMBH, Günzburg)

3.1.4 Steckleiter-Verbindungsteil

Steckleitern werden üblicherweise nur als Anstellleitern eingesetzt. Für die Verwendung als Stehleiter (auch Bockleiter genannt) können zwei (in Ausnahmefällen auch vier) Steckleiterteile im Kopfbereich mit einem Steckleiter-Verbindungsteil verbunden werden. Dazu wird das Verbindungsteil in die oberen Steckkästen der Steckleiterteile eingesteckt und mit den Schnappschlössern gesichert.

Ein Steckleiter-Verbindungsteil aus Leichtmetall besteht aus einer Plattform mit schräg angebrachten Leiterholmprofilen mit Schnappschlössern. Die Leiterholmprofile sind am unteren Ende mit profilierten, rutschhemmenden Fußkappen aus Gummi versehen. An der Unterseite befindet sich ein stabiles Querprofil mit einer Bohrung, die in besonderen Fällen zum Beispiel als Lastaufnahme für einen Gerätesatz Auf- und Abseilgerät verwendet werden kann.

Hinweis: Bei der Verwendung einer Stehleiter, die aus Steckleiterteilen und einem Steckleiter-Verbindungsteil gebildet wird, sind geeignete Sicherungsmaßnahmen gegen seitliches Umfallen zu treffen. Werden je Stehleiterseite zwei Steckleiterteile verwendet, sind zusätzlich Sicherungsmaßnahmen gegen ein Auseinanderspreizen der Leiter zu treffen.

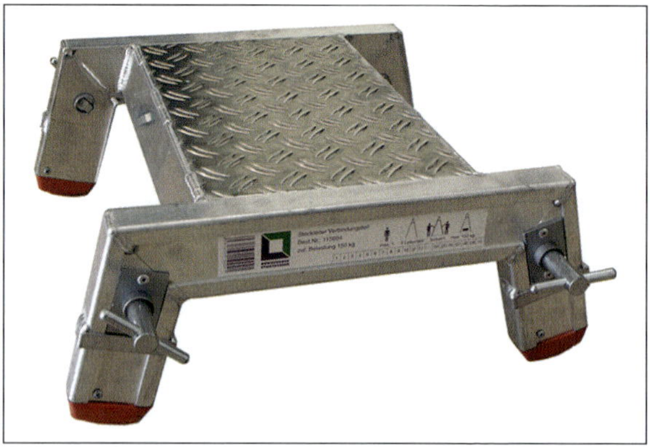

Abbildung 7: Steckleiter-Verbindungsteil (Quelle: GÜNZBURGER STEIGTECHNIK GMBH, Günzburg)

3.2 Schiebleiter

Eine Schiebleiter dient der Feuerwehr als Rettungs- oder Angriffsgerät. Sie wird ausschließlich als Anlegeleiter insbesondere zum Einsteigen in höher liegende Bereiche von Gebäuden, baulichen Anlagen oder anderen Objekten und dabei zur Rettung von Personen oder auch zum Vortragen eines Löschangriffs verwendet. Die Schiebleiter ist die längste tragbare Leiter der Feuerwehr. Sie kann bis zu einer Höhe von etwa 12 Meter über der Geländeoberfläche ausgeschoben und eingesetzt werden. Dies entspricht der Brüstungshöhe eines Fensters im 3. Obergeschoss eines Gebäudes mit normalen Raum- und Brüstungshöhen.

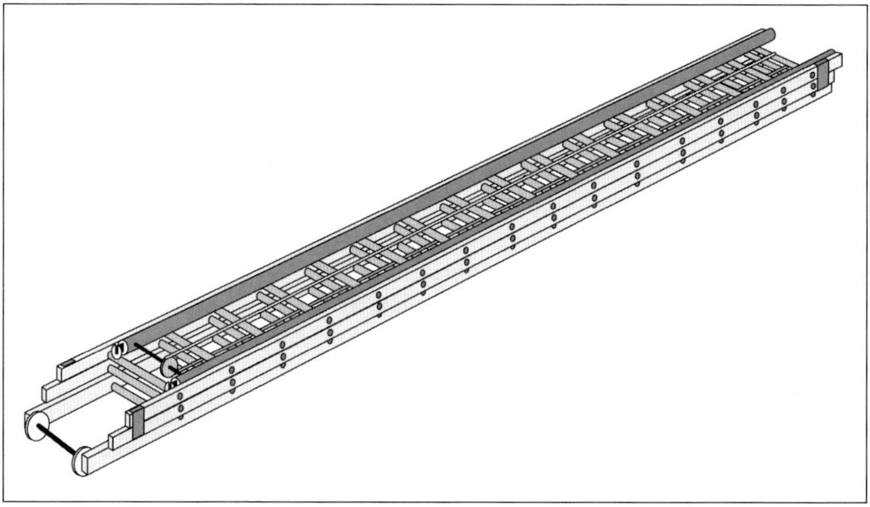

Abbildung 8: Schematische Darstellung einer Schiebleiter aus Leichtmetall

Im zusammengeschobenen Zustand liegen die Unter- und Mittelleiter mit den Holmen aufeinander, die Oberleiter innerhalb der Holme der Mittelleiter. Die Stützen sind mit Riemen an der Unterleiter befestigt.

3.2.1 Aufbau und Funktion

Eine Schiebleiter besteht aus drei Leiterteilen – der Ober-, Mittel- und Unterleiter – die durch Führungsbügel verbunden sind und im Einsatz mit Seilen, die über Umlenkrollen laufen, teleskopartig auseinandergeschoben werden. Zwei mittels Gelenken befestigte Stützen verhindern, dass sich die Schiebleiter beim Einsatz durchbiegt oder seitlich verschiebt. Die Leiterteile und Stützen bestehen aus Leichtmetall oder Holz. Sprossen aus Leichtmetall sind mit wärmeisolierenden und gleithemmenden Sprossenbelägen, die Holmenden mit rutschhemmenden Fußkappen aus Gummi versehen. Am Fußende der Holme einer Schiebleiter aus Holz sind Fußplatten aus Stahl mit gerundeten Spitzen angebracht, die ein Wegrutschen der Leiter verhindern sollen. Zum Gleiten der Schiebleiter an Wänden von Gebäuden sind am Leiterkopf der Oberleiter zwei Anlegerollen befestigt.

Die Schiebleiter wird bei ihrer Verwendung über zwei getrennte Seilzüge ausgezogen. Durch Ziehen am Bedienungsseil schieben sich Unterleiter und Mitteleiter bis zu den Endbegrenzungen auseinander, wobei über ein festverbundenes Drahtseil zwangsläufig auch die Oberleiter mit ausgeschoben wird. Ist die erforderliche Höhe erreicht, lässt man die Leiterteile ein Stück zurückgleiten, damit die zwei selbständig wirkenden Fallhaken, die zur Sicherung jeweils an den unteren Enden der Mittel- und der Oberleiter beweglich gelagert angebracht sind, auf die nächstliegende Sprosse aufsetzen und die Schiebleiter so in der ausgezogenen Position halten.

Hinweis: Gemäß DIN EN 1147 muss die Schiebleiter so konstruiert und gebaut sein, dass beim Loslassen oder Reißen des Bedienungsseils ein unkontrolliertes Zusammenfahren der Leiter verhindert wird.

Am Leiterkopf der Unterleiter sind zwei schwenkbare Stützen angebracht. Sie erleichtern das Aufrichten der Schiebleiter und ermöglichen einen Freistand der Leiter. Die Schiebleiter darf in diesem Zustand jedoch nur bis zu den Kopfenden der Stützen bestiegen werden. Wird eine Schiebleiter wie üblich als Anlegeleiter genutzt und das obere Leiterteil am Objekt angelehnt, dienen die Stützen der zusätzlichen Stabilisierung der Schiebleiter.

3.3 Multifunktionsleiter

Aufgrund der gestiegenen Anforderungen der Feuerwehren – vor allem im technischen Einsatzbereich – wurden die bisher genutzten tragbaren Leitern der Feuerwehr um eine Multifunktionsleiter ergänzt. Diese Leiter ist mit ihrer vielseitigen Verwendbarkeit für spezielle Anwendungen vorgesehen, die durch die bisher üblichen tragbaren Leitern der Feuerwehr nicht oder nur unzureichend durchgeführt werden können. Multifunktionsleitern können eingesetzt werden als:

- Stehleiter
- Stehleiter mit Aufsteckleiter
- Anlegeleiter (auch mit zwei verbundenen Leitern)
- Anlegeleiter mit Aufsteckleiter (auch mit zwei verbundenen Leitern)
- Einhängeleiter
- Dachleiter

Im zusammengeklappten Zustand liegen die beiden Leiterteile mit den Holmen aufeinander, die Aufsteckleiter liegt innerhalb der Holme zwischen den beiden Leiterteilen. Multifunktionsleitern werden auf oder innerhalb von Feuerwehrfahrzeugen in entsprechenden Halterungen verlastet.

3.3.1 Aufbau und Funktion

Eine Multifunktionsleiter besteht aus drei Leiterteilen, wobei zwei Teile mit einem Scharnier gelenkig miteinander verbunden sind. Das dritte Leiterteil ist als Aufsteckleiter ausgeführt. Die Sprossen und Holme einer Multifunktionsleiter bestehen aus Leichtmetall, die Beschlagteile aus Stahl. Die Sprossen sind mit wärmeisolierenden und rutschhemmenden Sprossenbelägen, die Holmenden mit rutschhemmenden Schutzkappen aus Gummi versehen. Beidseitige Verbindungselemente mit Federsperrbolzen sichern die Leiterteile im zusammengeklappten Transportzustand und dienen zur Sicherung bei der Verbindung von zwei Multifunktionsleitern. Die beidseitig an den Scharnieren angebrachten Verschlüsse sichern die Leiter im ausgeklappten Zustand bei der Anwendung als Anlegeleiter.

Abbildung 9: Multifunktionsleiter, in der Anwendung als Stehleiter mit Aufsteckteil (Quelle: GÜNZBURGER STEIGTECHNIK GMBH, Günzburg)

Die Aufsteckleiter verfügt über vier Steckhaken, die innenseitig an dessen Holmen angebracht sind, und eine Abhebesicherung. Mit den Steckhaken kann die Aufsteckleiter an den Sprossen eines Leiterteils befestigt werden.

Für die Anwendung der Multifunktionsleiter als Stehleiter sind im Gelenkbereich der beiden Leiterteile beidseitig Spreizsicherungen (Klappstreben) angebracht, die in Verbindung mit Federsperrbolzen der starren Verbindung der ansonsten klappbaren Leiterteile dienen und so einen sicheren Stand der Leiter ermöglichen. Für die Anwendung als Einhängeleiter sind am Ende eines Leiterteils Einhängebügel angebracht, die in aus- und eingeklapptem Zustand jeweils arretierbar sind. Sie können zum Einhängen der Multifunktionsleiter – zum Beispiel an einem Geländer – verwendet werden.

3.3.2 Zubehör

Durch den Einsatz entsprechender Zubehörteile kann der Anwendungsbereich einer Multifunktionsleiter erweitert werden.

- **Holmverlängerung:** Durch eine an einem der Leiterholme angebrachte Holmverlängerung können Höhenunterschieden in der Standfläche der Leiter von bis zu 300 Millimeter ausgleichen werden.
- **Fußverbreiterung:** Durch Verwendung einer etwa ein Meter breiten Fußverbreiterung kann die Multifunktionsleiter auf tragfähigen Standflächen ohne zusätzliche Sicherung bestiegen werden.
- **Kopfhalter:** Über die obersten Sprossen der als Stehleiter aufgebauten Multifunktionsleiter kann ein Kopfhalter mit einer Einhängelasche gelegt werden, zum Beispiel zum Einhängen eines Auf- und Abseilgerätes.
- **Verbindungsteil:** Durch ein Verbindungsteil können zwei Multifunktionsleitern zu einer Stehleiter verbunden werden
- **Leiterbühne:** Aus zwei angelegten Multifunktionsleitern kann unter Verwendung von Aufnahmekonsolen mit Konsolenhaltern und einer begehbaren Plattform eine Leiterbühne aufgebaut werden. Zur Beseitigung der Absturzgefahr für Einsatzkräfte kann die Plattform durch entsprechende Geländerstützen und Längsgeländer ergänzt werden.

- **Rettungsplattform:** Aus zwei als Stehleiter aufgebauten Multifunktionsleitern kann unter Verwendung von Quertraversen, einer begehbaren Plattform sowie Geländerstützen, Längsgeländer und gegebenenfalls erforderlichen Fußverbreiterungen und Holmverlängerungen eine Rettungsplattform aufgebaut werden.

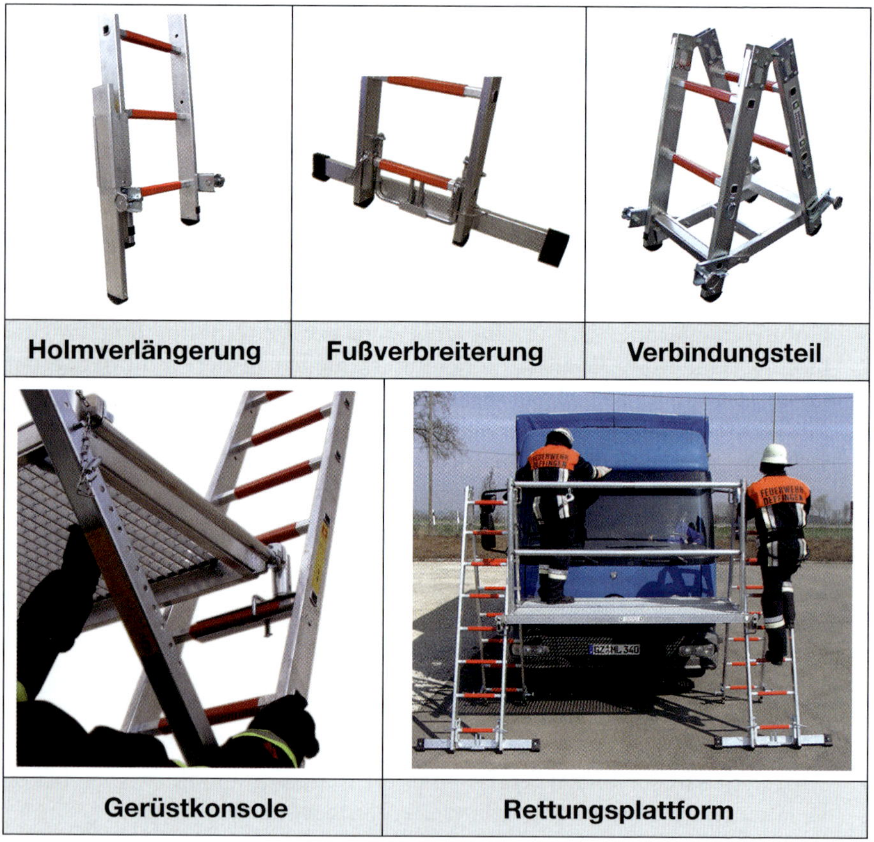

Abbildung 10a bis e: Zubehörteile für Multifunktionsleitern (Quelle: GÜNZBURGER STEIGTECHNIK GMBH, Günzburg)

Als weitere Anwendung kann eine Multifunktionsleiter – die als Stehleiter mit Aufsteckleiter aufgebaut wurde – auch als „Behelfslichtmast“ eingesetzt werden, da die Aufsteckleiter mit genormten Aufsteckzapfen an den Holmenden ausgerüstet ist. Die auf den Einsatzfahrzeugen mitgeführten Flutlichtstrahler lassen sich dort aufstecken und von Hand schnell und einfach in die erforderliche Lage ausrichten.

3.4 Hakenleiter

Dort, wo der Platz zum Aufstellen anderer Leitern nicht ausreicht oder andere Leitern aufgrund der Einsatzhöhe oder besonderer baulicher Gegebenheiten nicht in Stellung gebracht werden können, sind Hakenleitern durch die Feuerwehr einsetzbar. Sie werden als Steig- und Rettungsgerät und auch als Übungsgerät eingesetzt. Hakenleitern dürfen nur im eingehängten Zustand und dann nur von einer Einsatzkraft zum Senkrechtsteigen eingesetzt werden, das heißt, sie dürfen nur auf Zug belastet werden.

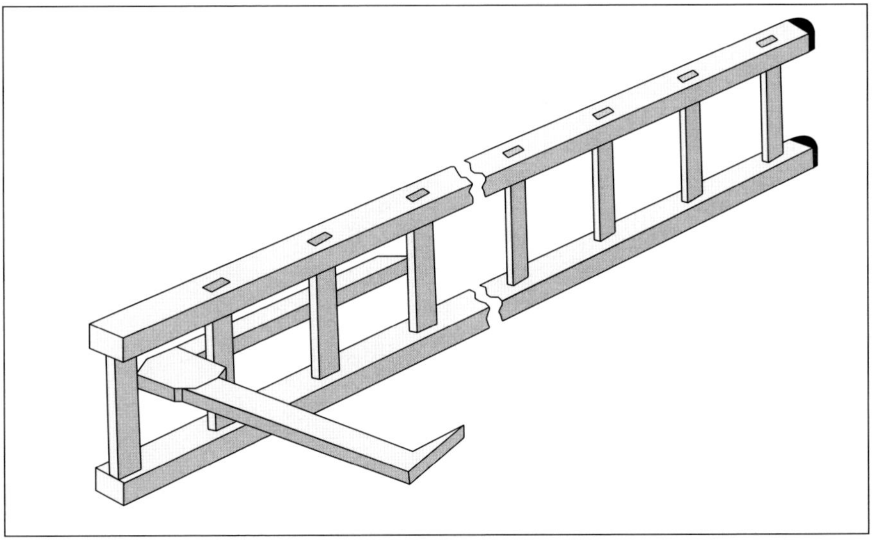

Abbildung 11: Schematische Darstellung einer Hakenleiter aus Leichtmetall

Hinweis: Hakenleitern gehören nicht mehr zur Beladung der aktuell genormten Löschfahrzeuge der Feuerwehr. Vorhandene Hakenleitern dürfen weiterhin benutzt werden, sofern sie regelmäßig geprüft werden.

Die Sprossen und Holme einer Hakenleiter bestehen aus Leichtmetall oder Holz, die Beschläge und der Haken aus Stahl. Der am Leiterkopf befestigte abklappbare Haken ermöglicht es, diese Leiter in Fensteröffnungen, an Balkonen oder Mauerbrüstungen einzuhängen, dort einzusteigen und die Leiter dann wieder in den darüberliegenden Bereich einzuhängen. Der Haken wird in Transport- oder Einsatzstellung durch einen Federriegel gesichert. An der Unterseite des Hakens sind geschränkte Zähne angeschweißt, die zusammen mit einer nach unten gebogenen Spitze am Ende des Hakens das Abrutschen der eingehängten Leiter verhindern sollen.

3.5 Klappleiter

Eine Klappleiter kann nur als Anstellleiter verwendet werden und dient hauptsächlich zur Überwindung kleinerer Höhenunterschiede. Sie eignet

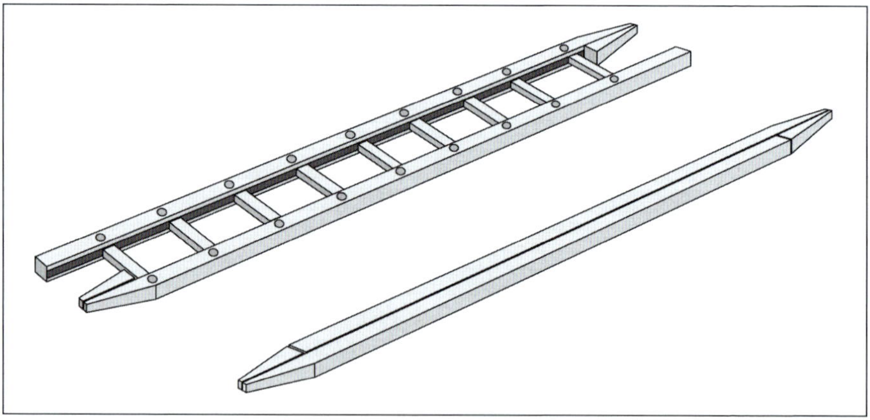

Abbildung 12: Schematische Darstellung einer Klappleiter (im auf- und zusammengeklappten Zustand)

sich besonders zum Aufstellen in engen Räumen und Schächten, nimmt im zusammengelegten Zustand nur wenig Platz ein und lässt sich so leicht durch verwinkelte Räume oder schmale Stellen transportieren.

Die Sprossen und Holme einer Klappleiter bestehen aus Holz, die Beschlagteile aus Stahl. Die Sprossen der Leiter sind drehbar in vorgesehene Aussparungen der Holme eingelassen, so dass die Holme in Längsrichtung zusammengelegt werden können. Dabei bildet die Klappleiter einen langen Vierkant mit abgerundeten Kanten. An der Stelle, an der sie zum Einsatz kommen soll, wird sie durch leichtes Stoßen auf den Boden auseinandergeklappt, und kann, wenn die Holme und Sprossen rechtwinklig zueinanderstehen, von jeweils einer Einsatzkraft bestiegen werden.

Hinweis: Klappleitern gehören nicht mehr zur Beladung der aktuell genormten Einsatzfahrzeuge der Feuerwehr. Vorhandene Klappleitern dürfen weiterhin benutzt werden, sofern sie regelmäßig geprüft werden.

3.6 Nicht genormte tragbare Leitern

Neben den vorgenannten tragbaren Leitern werden von den Feuerwehren oftmals weitere, nicht für die Feuerwehr genormte Leitern auf den Einsatzfahrzeugen mitgeführt, die in der Regel jedoch nicht zur genormten Beladung dieser Einsatzfahrzeuge gehören.

■ Teleskopleiter

Eine Teleskopleiter ist eine in Stufen ausschiebbare Leiter, die sich entweder auf ihre volle Länge oder auf eine Zwischenlänge ausschieben lässt und nur als Anlegeleiter verwendet werden kann. Sie hat im zusammengeschobenen Zustand sehr kompakte Abmessungen und kann auf den Einsatzfahrzeugen platzsparend untergebracht werden. Ähnlich wie bei einer Klappleiter lässt sich eine Teleskopleiter leicht durch verwinkelte Räume oder schmale Stellen transportieren und in engen und schwer zugänglichen Räumen oder Schächten einsetzen. Die Sprossen und Holme einer Teleskopleiter bestehen aus Leichtmetall, die Führungs- und Gleitbuchsen aus Kunststoff.

Zum Ausziehen der Teleskopleiter wird die Leiter zunächst mit einem Fuß auf der untersten Sprosse stabilisiert. Danach wird die oberste Sprosse ergriffen und nach oben gezogen, bis die Sperrriegel des Sprossensegmentes automatisch einrasten. Dann werden alle weiteren Sprossensegmente nach und nach ausgezogen, bis die Leiter ihre volle Länge erreicht. Die zweitunterste Sprosse besitzt Sperrriegel mit Zugringen. Werden diese gezogen, lösen sich alle Sperrriegel und die Leiter lässt sich wieder zusammenschieben.

Abbildung 13a bis c: Teleskopleiter, Ausführung und Anwendung (Quelle: HACA-Leitern – Lorenz Hasenbach GmbH u. Co. KG, Bad Camberg)

Hinweis: Bei der Beschaffung einer Teleskopleiter ist darauf zu achten, dass diese den grundsätzlichen Anforderungen der DIN EN 1147 „Tragbare Leitern für die Verwendung bei der Feuerwehr“ entspricht.

■ Strickleiter

Strickleitern sind hängende Leitern, die für die Verwendung an einem geeigneten Festpunkt eingehängt werden. Sie sind für das Absteigen in Schächte, Behälter oder Tanks geeignet, dort wo der Einsatz von Leitern mit festen Holmen aufgrund baulicher Enge und Tiefe nicht möglich ist. Strickleitern können zunächst nur zum Hinabsteigen verwendet werden. Zum Hinaufsteigen muss ein höher gelegener Festpunkt zuerst auf anderem Wege erreicht werden, damit die Strickleiter dort befestigt und herabgelassen werden kann. Die Sprossen bestehen aus Leichtmetall oder Holz und sind zwischen zwei Seilen aus Chemiefasern oder verzinktem Stahl befestigt. Zum Einhängen der Strickleitern ist an den oberen Seilenden jeweils eine Kausche mit Ring oder ein Karabinerhaken mit Schraubsicherung angebracht.

■ Steckstrickleiter

Eine spezielle Variante der Strickleitern ist die Steckstrickleiter. Die einzelnen Sprossen der Steckstrickleiter sind so ausgeführt, dass sie sich zu einer langen Stange zusammenstecken lassen. Auf diese Weise können auch höher gelegene Festpunkte erreicht werden, an denen die Steckstrickleiter mit einem dafür vorgesehenen Haken oder einer Schlaufe aufhängt werden kann. Wird nach dem Einhängen am unteren Ende der Steckstrickleiter gezogen, lösen sich die einzelnen Sprossen aus dieser Verbindung und die Leiter „entfaltet“ sich zu einer gebrauchsfertigen Strickleiter. Mittels eines dünnen Zugseils lässt sich die Steckstrickleiter von unten wieder aushängen.

Hinweis: Das Auf- und Absteigen auf Strickleitern erfordert mehr Kraft und Gewandtheit als auf Leitern mit festen Holmen. Strickleitern sollten im Passgang bestiegen werden; hängen sie frei, empfiehlt sich das seitliche Besteigen von der Holm-/Seilseite aus. Dabei ist zu beachten, dass die Füße die Last des Körpers tragen. Zieht man den Körper mit Hilfe der Hände nach oben, so knickt die Leiter ein, hängt schief und ein Besteigen wird erheblich erschwert.

3.7 Selbstkontrolle und Testfragen

(Lösungen siehe Seite 72)

1. Welche genormten tragbaren Leitern werden bei der Feuerwehr verwendet?

a) Multifunktionsleitern
b) Hakenleitern
c) Vierteilige Schiebleitern
d) Vierteilige Steckleitern
e) Strickleitern

2. Welche Aussagen über eine Steckleiter sind richtig?

a) Steckleiterteile aus Holz und Leichtmetall können im Austausch zusammengesteckt werden.
b) Bei der Verwendung als Anlegeleiter dürfen nur maximal sechs Leiterteile zusammengesteckt werden.
c) Ein A-Teil kann nur als Unterleiter eingesetzt werden.
d) Ein B-Teil kann auch als Unterleiter eingesetzt werden.

3. Wodurch kann der sichere Auf- und Abstieg von einer nur aus B-Teilen bestehenden Steckleiter erleichtert werden?

a) Durch das Benutzen der unteren Steckkästen als Auftritthilfe
b) Durch die Hilfestellung durch weitere Einsatzkräfte
c) Durch Verwendung eines Einsteckteiles
d) Durch Verwendung eines Hebebaumes

4. Welche nicht genormten tragbaren Leitern werden von den Feuerwehren verwendet?

a) Umstiegsleitern
b) Abstiegsleitern
c) Teleskopleitern
d) Karriereleitern

5. Wie kann eine Multifunktionsleiter eingesetzt werden?

a) Als Stehleiter
b) Als Stehleiter mit Aufsteckleiter
c) Als Stehleiter mit Schiebeteil
d) Als Anlegeleiter
e) Nur als Einhängeleiter
f) Nur als Multifunktionsleiter

6. Wozu werden bei der Feuerwehr Hakenleitern eingesetzt?

a) Als Steiggerät
b) Als Rettungsgerät
c) Als Übungsgerät
d) Nur noch als Übungs- und Sportgerät

7. Welche Aussagen über eine Klappleiter sind richtig?

a) Sie wird zur Überwindung kleinerer Höhen eingesetzt.
b) Sie hat einen klappbaren Aufhängebügel.
c) Sie wird aus Holz oder Leichtmetall gefertigt.
d) Für die Verwendung wird sie durch leichtes Stoßen auf den Boden auseinander geklappt.

4 Einsatzgrundsätze

Die Feuerwehr-Dienstvorschrift FwDV 10 „Die tragbaren Leitern" beschreibt die Anwendungsmöglichkeiten der genormten tragbaren Leitern (außer Multifunktionsleiter) und die dabei zu beachtenden Einsatzgrundsätze. Darüber hinaus werden die Aufgabenverteilung der Einsatzkräfte und die notwendige Handhabung erläutert. Diese Vorgaben gelten nicht nur für die Ausbildung, sondern gleichermaßen für den Einsatz. Zur Vornahme von tragbaren Leitern werden die Einsatzkräfte vom jeweiligen Einheitsführer eingeteilt. Der Maschinist unterstützt gegebenenfalls bei der Entnahme oder dem Verladen der Leitern. Bei der Verwendung ist auch der sichere Umgang mit den tragbaren Leitern zu berücksichtigen. Ziel muss es sein, die Leitern standsicher und sicher begehbar aufzustellen. Dabei sind sowohl bei der Ausbildung und bei Übungen als auch im Einsatz die besonderen Gefährdungen, die bei der Verwendung der Leitern auftreten können, zu beachten:

- **Herunterfallen:** Zum Beispiel bei der Verwendung einer schadhaften Leiter, einer für den Einsatzzweck ungeeigneten Leiter oder bei unsachgemäßem Besteigen
- **Umstürzen:** Zum Beispiel durch nicht standsicheres Aufstellen, beim Anlegen an ungesicherte Stellen wie Stangen, Glasscheiben, unverriegelte Fenster oder bei unsachgemäßem Strahlrohreinsatz
- **Abrutschen:** Zum Beispiel bei ungesichertem Auf- oder Absteigen
- **Elektrizität:** Zum Beispiel durch Annähern an Fahrleitungen oder sonstige Strom führende Leitungen

Aus taktischer Sicht ist bei einem Einsatz von tragbaren Leitern grundsätzlich darauf zu achten, dass ein einmal geschaffener Angriffsweg über eine Leiter bestehen bleibt, damit ihn die vorgehenden Einsatzkräfte auch wieder als Rückzugs- oder auch als Fluchtweg benutzen können. Eine in Stellung gebrachte Leiter darf erst nach Beendigung des jeweiligen Einsatzauftrages zurückgenommen werden und das möglichst von den Einsatzkräften, die sie auch in Stellung gebracht haben.

4.1 Bestimmung des Anstellwinkels

Der für das standsichere Aufstellen und sichere Besteigen von tragbaren Leitern richtige Anstellwinkel wird in der DGUV Information 208-016 „Handlungsanleitung für den Umgang mit Leitern und Tritten“ und in der Feuerwehr-Dienstvorschrift FwDV 10 „Tragbare Leitern“ mit 65 bis 75 Grad zur Waagerechten angegeben. Ein zu flaches Aufstellen kann zum Wegrutschen, ein zu steiles Aufstellen zum Umkippen der Leitern führen.

Zum Prüfen des richtigen Anstellwinkels stellt sich der Feuerwehrangehörige so neben die Leiter, dass sich der Holm am Leiterfuß zwischen seinen Füßen befindet und der in Schulterhöhe waagerecht abgewinkelte Arm mit dem Ellenbogen den Leiterholm berührt.

Abbildung 14:
Bestimmung des richtigen Anstellwinkels (Quelle: Kemper)

4.2 Besteigen der Leitern

Tragbare Leitern sollen möglichst gleichmäßig und schwingungsfrei im Passgang oder im Kreuzgang bestiegen werden. Der Körper der steigenden Einsatzkraft ist dabei möglichst nah an der Leiter zu bewegen und die Knie seitlich an den Holmen vorbeizuführen. Die Hände umfassen die Sprossen im Klammergriff, das heißt, die Finger umfassen die Sprosse von oben und die Daumen liegen unter der Sprosse.

- **Passgang:** Der Fuß und die Hand auf der einen Körperseite ruhen gleichzeitig auf den Sprossen – der Fuß und die Hand auf der anderen Körperseite sind gleichzeitig in Bewegung.
- **Kreuzgang:** Ein Fuß und die gegenüberliegende Hand ruhen gleichzeitig auf den Sprossen – die andere Hand und der gegenüberliegende Fuß sind gleichzeitig in Bewegung

Abbildung 15: Passgang (Quelle: Kemper)

Abbildung 16: Kreuzgang (Quelle: Kemper)

4.3 Ein- oder Übersteigen

Zum Ein- oder Übersteigen in ein Objekt muss eine Leiter gemäß DGUV Information 208-016 „Handlungsanleitung für den Umgang mit Leitern und Tritten“ mindestens einen Meter (drei Sprossen) über die Einsteig- oder Übersteigöffnung hinausragen. Bei einem zu geringen Überstand würde der Einsatzkraft eine ausreichende Haltemöglichkeit beim Ein- oder Übersteigen fehlen. Weiterhin sollte die Leiter möglichst bündig an einer Seite einer Einsteigöffnung anliegen, so dass sie einen zusätzlichen seitlichen Halt hat und der Platz zum Einsteigen entsprechend breit ist. Dies ist besonders wichtig, wenn Einsatzkräfte mit angelegtem Pressluftatmer vorgehen.

Abbildung 17: Einsteigen in eine Fensteröffnung (Quelle: Kemper)

Beim Ein- und Aussteigen in beziehungsweise aus einer Fensteröffnung setzt sich die Einsatzkraft immer zuerst auf die Brüstung der Öffnung („Reitsitz“). Das Stehen auf der Brüstung und das Hineinspringen in das Gebäude sind zu unterlassen. Im Einsatz – vor allem bei schlechten Sichtverhältnissen und unbekannten Örtlichkeiten – ist damit zu rechnen, dass sich hinter dem

Fenster Hindernisse befinden oder kein tragfähiger Fußboden vorhanden ist. Bevor eingestiegen wird, muss die Tragfähigkeit des Bodens deshalb durch Abtasten mit einem Fuß geprüft werden.

4.4 Sichern von Personen

Personen, die über Leitern gerettet oder in Sicherheit gebracht werden müssen, sind beim Absteigen – falls erforderlich und möglich – mit einer Feuer-

Abbildung 18: Sichern einer betroffenen Person mit einer Feuerwehrleine (Quelle: Marc Köppelmann, Paderborn)

wehrleine (Brustbund mit Pfahlstich und Spierenstich) zu sichern. Die Feuerwehrleine wird dabei über eine Leitersprosse oberhalb der Brüstung der Ausstiegsstelle nach innen geführt. Nur durch das Vorhersteigen einer Einsatzkraft ist eine wirksame Sicherung der Person auf der Leiter nicht gewährleistet! Um einen sicheren Stand der haltenden Einsatzkraft zu gewährleisten, ist für diese eine Selbstsicherung gemäß den Vorgaben „Sichern im absturzgefährdeten Bereich“ der Feuerwehr-Dienstvorschrift FwDV 1 „Grundtätigkeiten Lösch- und Hilfeleistungseinsatz“ erforderlich.

4.5 Sicherheitshinweise

Die Feuerwehr-Dienstvorschrift FwDV 10 „Tragbare Leitern“, die DGUV Vorschrift 49 „Feuerwehren“, sowie die mitgeltenden DGUV Vorschriften, Regeln und Grundsätze enthalten unter anderem folgende Sicherheitshinweise, die bei der Verwendung tragbarer Leitern zu beachten sind:

- Im Feuerwehrdienst dürfen nur Maßnahmen getroffen werden, die ein sicheres Tätigwerden der Feuerwehrangehörigen ermöglichen. Im Einzelfall kann bei Einsätzen zur Rettung von Menschenleben von den Bestimmungen der Unfallverhütungsvorschriften abgewichen werden.
- Einsatzkräfte dürfen die tragbaren Leitern nur zu Zwecken benutzen, für die die Leitern geeignet und nach ihrer Bauart bestimmt sind.
- Leitern dürfen nur auf geeignete Standflächen und nicht auf weichem oder glattem Untergrund aufgestellt werden. Erforderlichenfalls sind sie gegen Einsinken oder Wegrutschen zu sichern, zum Beispiel durch Verwendung von Unterlegplatten, Feuerwehrleinen oder Rad-Unterlegkeilen.
- Leitern müssen standsicher und sicher begehbar aufgestellt, an sicheren Auflagepunkten wie Wände oder Brüstungen angelegt und beim Besteigen (durch Einsatzkräfte) gesichert werden.
- Beim Aufrichten und Aufstellen der Leitern im Bereich elektrischer Anlagen ist zu beachten, dass zwischen der Leiter beziehungsweise den Personen auf der Leiter und unter Spannung stehenden Teilen ein ausreichender Sicherheitsabstand eingehalten wird.

Spannung	Sicherheitsabstand
bis 1.000 Volt	**1 Meter**
über 1.000 bis 110.00 Volt	**3 Meter**
über 110.000 bis 220.000 Volt	**4 Meter**
über 220.000 bis 380.000 Volt	**5 Meter**
unbekannte Spannung	**5 Meter**

- Leitern dürfen nicht über ihren oberen Auflagepunkt hinaus bestiegen werden.
- Hakenleitern und Klappleitern dürfen jeweils nur von einer Person, Steckleitern und Schiebleitern unabhängig von der Rettungshöhe jeweils nur von höchstens zwei Personen bestiegen werden.
- Ausrüstungsgegenstände, die sich nicht von den Einsatzkräften umhängen oder in die Schutzkleidung einstecken lassen, müssen mit Feuerwehrleinen hochgezogen oder herabgelassen werden.
- Beim Besteigen einer Leiter kann die Schlauchleitung bis zum 1. Obergeschoss über der Schulter getragen werden. Das Strahlrohr darf dabei nicht zwischen den Feuerwehr-Haltegurt und den Körper gesteckt werden.
- Ein Strahlrohr (maximal C-Rohr oder gleichwertig) darf von der Leiter nur eingesetzt werden, wenn die Leiter am Leiterkopf befestigt ist und der Strahlrohrführer sich mit dem Feuerwehr-Haltegurt sichert.
- Das Strahlrohr darf bei der Wasserabgabe jeweils nur bis zu einem Winkel von 15 Grad zu den Seiten hin eingesetzt werden.
- Schadhafte Leitern sind unverzüglich der Benutzung zu entziehen und müssen so untergebracht oder gelagert werden, dass eine Weiterverwendung vor einer Instandsetzung sicher ausgeschlossen wird.

4.6 Selbstkontrolle und Testfragen

(Lösungen siehe Seite 72)

1. In welchem Anstellwinkel sind tragbare Leitern aufzustellen?

a) Mit 68 bis 78 Grad zur Senkrechten
b) Mit 68 bis 78 Grad zur Waagerechten
c) Mit 65 bis 75 Grad zur Senkrechten
d) Mit 65 bis 75 Grad zur Waagerechten
e) Immer nur mit 70 Grad zur Waagerechten

2. In welcher Gangart sollen sich die Einsatzkräfte auf einer tragbaren Leiter bewegen?

a) Sprossengang
b) Passgang
c) Wechselgang
d) Kreuzungsgang
e) Kreuzgang

3. Wie weit muss eine Leiter zum Einsteigen in ein Objekt über die Einstiegsöffnung hinausragen?

a) Liegt im Ermessen des Einsatzleiters
b) Hängt von der Art der tragbaren Leiter ab
c) Mindestens einen Meter (drei Sprossen)
d) Je nach Anstellwinkel mehrere Sprossen

4. Welche Sicherheitshinweise sind bei der Verwendung tragbarer Leitern zu beachten?

a) Leitern müssen standsicher und sicher begehbar aufgestellt und an sicheren Auflagepunkten angelegt werden.
b) Leitern dürfen über den oberen Auflagepunkt hinaus bestiegen werden.
c) Beim Besteigen einer Leiter kann die Schlauchleitung bis zum 2. Obergeschoss über der Schulter getragen werden.

5 Vornahme tragbarer Leitern

Die Vorgehensweise bei der Vornahme von tragbaren Leitern ist in der Feuerwehr-Dienstvorschrift FwDV 10 „Tragbare Leitern“ geregelt. Die Vornahme wird nach dem allgemeinen Befehlsschema **„Einheit – Auftrag – Mittel – Ziel“** vom jeweiligen Einheitsführer befohlen. Die beauftragten Trupps oder Einsatzkräfte entnehmen die Leiter mit Unterstützung des Maschinisten vom Fahrzeug. Sie tragen die Leiter mit ausgestrecktem Arm an den Sprossen – mit dem Leiterfuß voraus – zum befohlenen Einsatzobjekt und legen sie dort ab. Die Ausführung des Befehls zur Vornahme einer tragbaren Leiter kann im Einsatz und insbesondere bei Übungen mit tragbaren Leitern durch entsprechende Kommandos des am Leiterkopf gehenden Truppführers unterstützt werden. Hierzu die folgenden Beispiele:

Vornahme einer Steckleiter	**Zurücknahme einer Steckleiter**
Steckleiter • vom Fahrzeug! • marsch! • halt! • legt ab! • steckt ein! • richtet auf!	Steckleiter • legt ab! • zum Abmarsch fertig! • hoch! • zum Fahrzeug marsch! • halt! • auf das Fahrzeug!
Vornahme einer Schiebleiter	**Zurücknahme einer Schiebleiter**
Schiebleiter • vom Fahrzeug! • marsch! • halt! • legt ab! • richtet auf! • zieht aus! ... halt! • legt an!	Schiebleiter • richtet auf! • lasst ein! • legt ab! • hoch! • zum Fahrzeug marsch! • halt! • auf das Fahrzeug!

5.1 Vornahme einer Steckleiter

5.1.1 Vornahme durch zwei Trupps

Nachdem der Einheitsführer den Befehl zur Vornahme der Steckleiter an die beiden Trupps gegeben hat, wiederholt der Truppführer (A-Trupp) den Befehl. Der Maschinist begibt sich auf das Fahrzeug, entriegelt die Leiterhalterung und schiebt alle vier Steckleiterteile aus der Halterung. Der zweite Trupp nimmt die Steckleiterteile am Leiterfuß an und senkt diese soweit in Richtung Boden, dass der andere Trupp (A-Trupp) die Leiterteile abnehmen kann, ohne sich dabei erheblich strecken zu müssen.

Durch die beiden beauftragten Trupps werden alle vier Steckleiterteile mit ausgestrecktem Arm an den Sprossen – mit dem Leiterfuß voraus – zum befohlenen Einsatzobjekt getragen. Die Steckleiterteile werden an der Aufstell-

Abbildung 19: Entnahme der Steckleiterteile vom Fahrzeug (Quelle: Kemper)

fläche unterhalb der Einstiegsöffnung abgelegt, etwa einen Schritt vor dem Einsatzobjekt und im rechten Winkel. Nach Ablegen der Steckleiterteile erfolgt eine Kehrtwendung der Einsatzkräfte und die beiden oberen Leiterteile werden bis zum Leiterkopf der darunterliegenden Leiterteile zurückgenommen und vom zweiten Trupp in diese eingesteckt.

Abbildung 20: Zurücknehmen (Quelle: Kemper)

Abbildung 21: Einstecken (Quelle: Kemper)

Dabei hält der zweite Trupp mit jeweils einer Hand den Leiterfuß der oberen Leiterteile an den Schnappschlössern und mit der anderen Hand eine Sprosse am Leiterkopf der unteren Leiterteile und schiebt die Holmenden in die Steckkästen. Dabei müssen die Spannschlösser hörbar einrasten. Anschließend wird die zusammengesteckte Steckleiter an die Wand des Einsatzobjektes geschoben. Die Anzahl der einzusetzenden Steckleiterteile wird vom Truppführer (A-Trupp) am Leiterkopf bestimmt. Werden nur drei Steckleiterteile benötigt, wird jetzt das oberste Steckleiterteil abgenommen und so zur Seite gelegt, dass dadurch keine Stolpergefahr entsteht.

Der zweite Trupp richtet die Leiter auf. Der andere Trupp (A-Trupp) unterstützt dabei zunächst am Leiterkopf, begibt sich anschließend zum Leiterfuß und sichert die Steckleiter beim Aufrichten. Dazu wird jeweils ein Fuß auf das untere Ende des Leiterholmes gesetzt. Der zweite Trupp richtet die Steckleiter durch wechselndes Greifen mit den Händen an den Holmen auf. Der andere Trupp (A-Trupp) hilft durch Ziehen mit. Nachdem die Steckleiter aufgerichtet am Einsatzobjekt anliegt, wird sie etwas angehoben und der Leiterfuß soweit vom Gebäude abgezogen, dass ein Anstellwinkel zwischen 65 und 75 Grad eingehalten wird (siehe Abbildung 14). Nach dem Aufrichten wird die Steckleiter durch den beauftragten Trupp bestiegen. Der zweite Trupp steht dann für andere Einsatzaufgaben zur Verfügung.

Abbildung 22: Aufrichten (Quelle: Kemper)

Abbildung 23: Aufsteigen (Quelle: Kemper)

Der Truppführer (A-Trupp) steigt auf und ein; der Truppmann sichert dabei die Steckleiter hinter den Holmen stehend, mit beiden Händen an den Holmen. Anschließend sichert der eingestiegene Truppführer die Steckleiter am Leiterkopf und der Truppmann steigt nach. Die Zurücknahme der Steckleiter erfolgt in umgekehrter Reihenfolge. Dabei wird der beauftragte Trupp durch einen weiteren Trupp (oder eine weitere Einsatzkraft unterstützt.

5.1.2 Vornahme durch drei Einsatzkräfte

Die Steckleiter kann auch durch einen Trupp zusammen mit einer weiteren Einsatzkraft (zum Beispiel dem Melder) vorgenommen werden. Die Einsatzkräfte entnehmen die Steckleiterteile mit Unterstützung des Maschinisten vom Fahrzeug. Dabei nimmt die einzelne Einsatzkraft die Steckleiterteile am Leiterfuß entgegen, der Trupp im Bereich unmittelbar hinter dem Fahrzeug. Es werden grundsätzlich alle vier Steckleiterteile vom Fahrzeug genommen. Durch den Trupp und die Einsatzkraft werden die Steckleiterteile mit ausgestrecktem Arm an den Sprossen und am Leiterfuß – mit dem Leiterfuß voraus – zum befohlenen Einsatzobjekt getragen. Die vorne gehende Einsatzkraft kann die Steckleiterteile auch seitlich an den Sprossen tragen. Die Steckleiterteile werden an der Aufstellfläche unterhalb der Einstiegsöffnung abgelegt, etwa einen Schritt vor dem Einsatzobjekt und im rechten Winkel.

Abbildung 24: Tragen zum Einsatzobjekt (Quelle: Kemper)

Der Truppführer stellt sich vor das Kopfende der Steckleiter. Die dritte Einsatzkraft steht am Leiterfuß neben der Leiter. Der Truppmann geht bis zum Leiterfuß zurück und stellt sich ebenfalls neben die Leiter. Die beiden oberen Leiterteile werden dann bis zum Kopfende der darunterliegenden Leiterteile zurückgenommen und in diese eingesteckt. Dabei halten der Truppmann und die dritte Einsatzkraft mit jeweils einer Hand den Leiterfuß der oberen Leiterteile an den Schnappschlössern und mit der anderen Hand eine Sprosse am Leiterkopf der unteren Leiterteile und schieben die Holmenden in die Steckkästen. Dabei müssen die Spannschlösser hörbar einrasten. Anschließend wird die zusammengesteckte Steckleiter an die Wand des Einsatzobjektes geschoben. Die Anzahl der einzusetzenden Steckleiterteile wird vom Truppführer am Leiterkopf bestimmt. Werden nur drei Steckleiterteile benötigt, wird jetzt das oberste Steckleiterteil abgenommen und so zur Seite gelegt, dass dadurch keine Stolpergefahr entsteht.

Der Truppmann und die Einsatzkraft richten die Leiter an den Holmen auf. Der Truppführer unterstützt dabei zunächst am Leiterkopf, begibt sich anschließend zum Leiterfuß und hilft, mit einem Fuß auf das Ende eines Leiterholmes drückend, durch Ziehen mit. Nachdem die Steckleiter aufgerichtet am Einsatzobjekt anliegt, wird sie etwas angehoben und der Leiterfuß soweit vom Gebäude abgezogen, dass ein Anstellwinkel zwischen 65 und 75 Grad (siehe Abbildung 14) eingehalten wird. Nach dem Aufrichten wird die Steckleiter durch den beauftragten Trupp bestiegen. Die dritte Einsatzkraft kann dann für andere Einsatzaufgaben eingesetzt werden. Die Zurücknahme der Steckleiter erfolgt in umgekehrter Reihenfolge. Dabei wird der beauftragte Trupp durch eine weitere Einsatzkraft unterstützt.

5.1.3 Verlängern durch Untersetzen

Bei der Vornahme einer Steckleiter auf engem Raum kann sie durch Untersetzen verlängert werden. Die Steckleiter wird möglichst nahe zum Einsatzobjekt gebracht und die Leiterpaare werden dort auseinandergenommen. Der Trupp erfasst ein Leiterteil, hebt es – an den Schnappschlössern und an den Holmen greifend – hoch und legt es möglichst schräg an das Objekt an, bei Steckleiterteilen aus Holz mit der Schrägfläche zum Objekt.

Abbildung 25: Hochheben (Quelle: Kemper)

Abbildung 26: Untersetzen (Quelle: Kemper)

Beim Hochheben soll möglichst lange mit jeweils einer Hand an die Holme gegriffen werden, um ein seitliches Kippen der Leiter zu verhindern. Ein weiteres Leiterteil wird von einer dritten Einsatzkraft von unten in die Steckkästen des hochgeschobenen Leiterteils eingeschoben und die Schnappschlösser werden durch Drehen zum Einrasten gebracht. Bis zu zwei weitere Leiterteile können in gleicher Weise untergesetzt werden. Die Zurücknahme der Steckleiter erfolgt in umgekehrter Reihenfolge.

5.1.4 Einsatz als Hilfsgerät

Eine Steckleiter kann auch als Hilfsgerät, zum Beispiel als Stehleiter, als Schlauchbrücke oder als Behelfssteg eingesetzt werden. Aus zwei oder vier Steckleiterteilen kann eine Stehleiter gebaut werden. Dabei steht ein Leiterteil auf dem Fuß, das andere auf dem Kopf, wobei oben der Kopf des einen Leiterteils auf den Steckkästen des anderen Leiterteils liegt. Zwischen den Leiterteilen wird eine Leine gespannt, die ein Auseinandergleiten verhindert. Zusätzlich können die oberen Gabelungen mit Mastwürfen gesichert werden.

Abbildung 27: Schlauchüberführung mit einer Stehleiter (Quelle: Kemper)

Werden Steckleiterteile als Behelfssteg oder als Sicherung bei nicht ausreichend befestigtem Untergrund benutzt, dürfen sie nur paarweise übereinandergelegt werden.

5.2 Vornahme einer Schiebleiter

Nachdem der Einheitsführer den Befehl zur Vornahme der Schiebleiter an die beiden Trupps gegeben hat, wiederholt der Truppführer (A-Trupp) den Befehl. Der Maschinist begibt sich auf das Fahrzeug, entriegelt die Leiterhalterung und schiebt die Schiebleiter aus der Halterung. Der zweite Trupp nimmt die Schiebleiter am Leiterfuß an und senkt diese soweit in Richtung Boden, dass der andere Trupp (A-Trupp) die Leiter abnehmen kann, ohne sich dabei erheblich strecken zu müssen.

Abbildung 28: Entnahme der Schiebleiter vom Fahrzeug (Quelle: Kemper)

Durch die beiden beauftragten Trupps wird die Schiebleiter mit ausgestrecktem Arm an den Sprossen – mit dem Leiterfuß voraus – zum befohlenen Einsatzobjekt getragen. Der Abstand des Leiterfußes zum Einsatzobjekt richtet sich nach der Einstieghöhe und wird vom Truppführer (A-Trupp) am Leiterkopf bestimmt. Der zweite Trupp am Leiterfuß löst die Halteriemen der Stützen, nimmt die Stützen hoch und sichert mit jeweils einem Fuß auf dem Fußanker zwischen den unteren Enden der Leiterholme. Der Trupp (A-Trupp) am Leiterkopf richtet die Schiebleiter auf. Der zweite Trupp am Leiterfuß unterstützt das Aufrichten durch Ziehen an den Stützen. Beim Ziehen werden die Stützen am Körper der jeweiligen Einsatzkraft vorbei nach außen geführt. Nur so ist die Unterstützung beim Aufrichten und die gleichzeitige Sicherung am Leiterfuß möglich.

Abbildung 29: Tragen der Schiebleiter am ausgestreckten Arm (Quelle: Kemper)

Die Schiebleiter wird nahezu senkrecht, mit einer leichten Neigung zur Anleiterstelle hin aufgestellt. Dabei ist darauf zu achten, dass die Neigung nicht zu stark ist, da dadurch das Ausziehen der Leiter erschwert würde. Ist die Schiebleiter aufgerichtet, übernimmt der Truppführer (A-Trupp) die Sicherung am Leiterfuß. Hierzu setzt er einen Fuß auf den Fußanker und hält die Leiter von außen an den Holmen fest. Der Truppführer (A-Trupp) überwacht zugleich das Ausziehen der Leiter. Der zweite Trupp sichert die Schiebleiter an den Stützen, die dabei auf dem Boden stehen müssen.

Der Truppmann (A-Trupp) löst das Bedienungsseil, zieht die Schiebleiter auf die vom Truppführer vorgegebene Länge aus, achtet auf das Aufsetzen der Fallhaken und befestigt das Seil.

Abbildung 30: Aufrichten
(Quelle: Kemper)

Abbildung 31: Ausziehen
(Quelle: Kemper)

Dabei wird das Bedienungsseil über drei Sprossen geführt und mit einem Mastwurf auf der oberen der drei Sprossen oder am Bedienungsseil selbst festgelegt. Nach dem Befestigen des Bedienungsseils wird die Schiebleiter an das Gebäude angelegt. Dabei tritt der zweite Trupp seitlich zurück und richtet die Stützen so aus, dass sie nicht belastet auf dem Boden stehen und ein Durchbiegen und seitliches Verschieben der Schiebleiter vermieden wird. Der befohlene Trupp (A-Trupp) steigt auf und ein. Der zweite Trupp sichert die Schiebleiter so lange an den Stützen, bis der aufgestiegene Trupp (A-Trupp) zurückgekehrt ist.

Die Zurücknahme der Schiebleiter erfolgt in umgekehrter Reihenfolge.

Hinweis: Beim Ein- und Ausziehen der Schiebleiter darf nur an die Leiterholme gefasst werden. Um ein unbeabsichtigtes Zusammenschieben der Schiebleiter beim Besteigen auszuschließen, ist die Sicherung des Bedienungsseils in jedem Fall durchzuführen. Weiterhin darf die Schiebleiter im Freistand, das heißt, ohne Anlegen an ein Gebäude oder ähnlich, nicht über die Stützen hinaus bestiegen werden.

Bedienungsseil unter der unteren der drei festgelegten Sprossen nach außen ziehen.

Bedienungsseil doppelt zwischen der mittleren und oberen Sprosse wieder nach innen ziehen.

Bedienungsseil über die obere Sprosse nach außen führen und unter der Sprosse rechts am herunterhängenden Bedienungsseil vorbei wieder nach innen ziehen.

Eine Schlaufe um das herunterhängende Bedienungsseil herumlegen, über die Sprosse nach außen führen und unter der Sprosse wieder durch die Schlaufe ziehen.

Abbildung 32a bis d: Mastwurf um die Sprosse (Quelle: Kemper)

Bedienungsseil unter der unteren der drei festgelegten Sprossen nach außen ziehen.

Bedienungsseil doppelt über der oberen Sprosse wieder nach innen ziehen.

Eine Schlaufe um das herunterhängende Bedienungsseil herumlegen und unter dem doppelt liegenden Seil durchziehen.

Das durchgezogene Ende zu einer Schlaufe legen und um das herunterhängende Bedienungsseil wieder durch die Schlaufe ziehen

Abbildung 33a bis d: Mastwurf um das Bedienungsseil (Quelle: Kemper)

5.3 Vornahme einer Multifunktionsleiter

Die Multifunktionsleiter kann durch einen Trupp vorgenommen werden. Der beauftragte Trupp entnimmt die Leiter mit Unterstützung des Maschinisten vom oder aus dem Fahrzeug und trägt sie mit ausgestrecktem Arm an den Leiterholmen zum befohlenem Einsatzobjekt.

Abbildung 34: Vornahme einer Multifunktionsleiter (Quelle: Kemper)

5.3.1 Verwendung als Anlegeleiter

Die Multifunktionsleiter wird unterhalb der Einstiegöffnung abgelegt. Der Abstand des unteren Endes der Leiter zum Objekt richtet sich nach der zu erwartenden Einsatzhöhe. Dann werden die Federbolzen rechts und links am Leiterende nach außen gezogen und arretiert.

Die eine Einsatzkraft klappt das obenliegende Leiterteil auf. Die Aushebesicherung der Aufsteckleiter wird geöffnet. Wenn die Aufsteckleiter für den Einsatz nicht benötigt wird, wird sie aus der aufgeklappten Multifunktionsleiter entnommen und so zur Seite gelegt, dass dadurch keine Stolpergefahr entsteht.

Abbildung 35: Ziehen und Arretieren der Federbolzen (Quelle: Kemper)

Abbildung 36: Öffnen der Aushebesicherung (Quelle: Kemper)

Die beiden Einsatzkräfte betätigen gleichzeitig den rechten beziehungsweise linken Scharnierverschluss. Die Multifunktionsleiter wird dann vollständig aufgeklappt und die Scharnierverschlüsse rechts und links in die vorgesehenen Bohrungen geschwenkt und arretiert. Dabei müssen die Scharnierverschlüsse ganz eingesteckt werden.

Hinweis: Beim vollständigen Aufklappen der Multifunktionsleiter besteht am Bereich der Scharniere eine Quetschgefahr.

Die Einsatzkraft am Leiterfuß sichert die Multifunktionsleiter beim Aufrichten. Dazu wird ein Fuß auf das untere Ende eines Leiterholmes gesetzt. Die andere Einsatzkraft hebt die Multifunktionsleiter am Leiterkopf an und rich-

Abbildung 37: Betätigen der Scharnierverschlüsse (Quelle: Kemper)

Abbildung 38: Arretierter Scharnierverschluss (Quelle: Kemper)

tet sie an den Holmen auf. Die Einsatzkraft am Leiterfuß hilft durch Ziehen mit. Nachdem die Multifunktionsleiter aufgerichtet am Einsatzobjekt anliegt, wird sie etwas angehoben und der Leiterfuß dann soweit vom Gebäude abgezogen, dass ein Anstellwinkel zwischen 65 und 75 Grad eingehalten wird (siehe Abbildung 14). Nach dem Ausrichten kann die Multifunktionsleiter bestiegen werden. Der Truppführer steigt auf und ein; der Truppmann sichert dabei die Multifunktionsleiter hinter den Holmen stehend, mit beiden Händen an den Holmen. Anschließend sichert der eingestiegene Truppführer die Multifunktionsleiter am Leiterkopf und der Truppmann steigt nach.

5.3.2 Verwendung als Anlegeleiter mit Aufsteckleiter

Die Multifunktionsleiter wird zunächst wie zuvor beschrieben vorgenommen und auseinandergeklappt, die Scharnierverschlüsse entsprechend arretiert. Die entnommene Aufsteckleiter wird dann in der erforderlichen Höhe eingesteckt. Alle vier Steckhaken der Aufsteckleiter müssen auf den Sprossen der Multifunktionsleiter aufgesteckt sein.

Abbildung 39: Aufstecken auf den Sprossen (Quelle: Kemper)

Abbildung 40: Einrasten der Aushebesicherung (Quelle: Kemper)

Hinweis: Das vollständige Einrasten der Abhebesicherung ist zu prüfen!

Das Aufrichten, Besteigen und die Rücknahme der Multifunktionsleiter mit der Aufsteckleiter erfolgt wie zuvor beschrieben.

5.3.3 Verwendung als Stehleiter

Die Multifunktionsleiter wird durch einen Trupp vom oder aus dem Fahrzeug entnommen, zum befohlenem Einsatzobjekt getragen und abgelegt. Die Federbolzen müssen nach oben liegen. Dann werden die Federbolzen rechts und links am Leiterende nach außen gezogen und arretiert. Die Multifunktionsleiter wird aufgerichtet und die beiden Leiterteile aufgeklappt. Dabei kann die Aufsteckleiter in der Leiter verbleiben. Eine Einsatzkraft sichert die aufgeklappte Multifunktionsleiter an den Holmen. Die andere Einsatzkraft legt die Klappstrebe von oben in den Federsperrbolzen ein. Durch Betätigen des Federsperrbolzens am Leiterholm von innen kann die Klappstrebe aus- beziehungsweise eingehängt werden.

Abbildung 41: Ziehen und Arretieren der Federbolzen (Quelle: Kemper)

Abbildung 42: Aufrichten der Multifunktionsleiter (Quelle: Kemper)

Abbildung 43: Aufklappen der Multifunktionsleiter (Quelle: Kemper)

Abbildung 44: Einlegen der Klappstrebe (Quelle: Kemper)

Der Senkkopf des Federsperrbolzens muss in die Senkung der Klappstrebe eingreifen. Das vollständige Einrasten des Federsperrbolzens ist zu prüfen. Danach wird die Klappstrebe auf der anderen Leiterseite wie vorgehend beschrieben eingelegt und ebenfalls auf vollständiges Einrasten geprüft.

Hinweis: Die Multifunktionsleiter muss in diese Aufbauversion beim Besteigen durch mindestens eine Einsatzkraft oder unter Verwendung der als Zubehör erhältlichen Fußverbreiterung gesichert werden. Die jeweils oberste Sprosse darf nicht benutzt werden!

5.3.4 Verwendung als Stehleiter mit Aufsteckleiter

Diese Aufbauvariante kann durch die Verwendung der Aufsteckleiter ergänzt werden. Die Aufsteckleiter wird hierzu in der gewünschten Höhe auf die Sprossen der als Stehleiter verwendeten Multifunktionsleiter aufgesteckt. Es müssen alle vier Steckhaken auf die Sprossen aufgesteckt werden. Die Abhebesicherung ist auf Einrasten zu prüfen.

Abbildung 45: Ergänzung der Stehleiter durch die Aufsteckleiter (Quelle: Kemper)

Abbildung 46: Einrasten der Aushebesicherung (Quelle: Kemper)

Hinweis: Die Multifunktionsleiter muss in dieser Aufbauvariante beim Besteigen durch mindestens eine Einsatzkraft gesichert werden. Die drei obersten Sprossen der Aufsteckleiter dürfen nicht benutzt werden!

Die Multifunktionsleiter als Stehleiter mit Aufsteckleiter kann in dieser Aufbauvariante auch als „Behelfslichtmast“ eingesetzt werden. Zu diesem Zweck sind oben an der Aufsteckleiter entsprechende genormte Aufsteckzapfen angebracht. Hier können Flutlichtstrahler oder Arbeitsleuchten schnell und einfach befestigt werden.

5.3.5 Verwendung als Einhängeleiter

Die Multifunktionsleiter kann auch als Einhängeleiter – ähnlich einer Hakenleiter – eingesetzt werden. Dazu werden zunächst die Federbolzen rechts und links am Leiterende nach außen gezogen und arretiert und das obere Leiterteil aufgeklappt. Die Aushebesicherung der Aufsteckleiter wird geöffnet, die Aufsteckleiter aus der aufgeklappten Multifunktionsleiter entnommen und so zur Seite gelegt, dass dadurch keine Stolpergefahr entsteht. Die Multifunktionsleiter wird dann vollständig aufgeklappt und die Scharnierverschlüsse rechts und links in die vorgesehenen Bohrungen geschwenkt und arretiert. Dabei müssen die Scharnierverschlüsse ganz eingesteckt werden.

Die Haken werden gegen die Federkraft nach innen gedrückt und um 90 Grad gedreht. Dabei müssen die Arretierungsbolzen der Haken in die jeweilige Haltenut einrasten. Die Multifunktionsleiter wird an einer geeigneten Stelle mit beiden Haken eingehängt. Die Aufsteckleiter kann zuvor oben in die Leiter eingesteckt werden, um den Überstieg zu erleichtern. Die Verschlusselemente am Leiterfuß dienen als Abstandhalter zur Wand.

Hinweis: Die Multifunktionsleiter darf in dieser Aufbauvariante nur als Zugangsleiter verwendet und dabei nur von einer Einsatzkraft bestiegen werden. Sie darf nicht als Rettungsleiter zur Rettung von Personen (Hinauf- und Heruntertragen) verwendet werden!

Abbildung 47: Haken nach innen drücken (Quelle: Kemper)

Abbildung 48: Haken um 90° nach unten drehen und einrasten (Quelle: Kemper)

Abbildung 49: Multifunktionsleiter mit beiden Haken einhängen (Quelle: Kemper)

Abbildung 50: Verschlusselemente dienen als Abstandhalter (Quelle: Kemper)

5.4 Vornahme einer Hakenleiter

Eine Hakenleiter wird grundsätzlich von zwei Einsatzkräften eingesetzt. Der beauftragte Trupp entnimmt die Hakenleiter mit Unterstützung des Maschinisten vom Fahrzeug. Eine Einsatzkraft trägt die Hakenleiter – den eingeklappten Haken voraus und nach innen gerichtet – zur vorgesehenen Anleiterstelle. Am Einsatzobjekt wird der Haken der Leiter abgeklappt.

Abbildung 51: Hakenleiter einhängen (Quelle: Kemper)

Abbildung 52: Hakenleiter besteigen (Quelle: Kemper)

Danach wird die Hakenleiter aufgerichtet, an den Holmen hochgehoben und an der vorgesehenen Stelle eingehängt. Die Einsatzkräfte steigen nacheinander auf. Die erste Einsatzkraft steigt ein. Die zweite Einsatzkraft hantelt dann, möglichst auf der Brüstung sitzend, die Hakenleiter an den Holmen hoch und hängt sie im darüberliegenden Geschoss ein. Die erste Einsatzkraft sichert sie dabei durch Festhalten am Feuerwehr-Haltegurt. Beim weiteren Aufwärtssteigen wiederholt sich dieser Vorgang entsprechend. Die Zurücknahme der Hakenleiter erfolgt in umgekehrter Reihenfolge.

Hinweis: Beim Einhängen im darüberliegenden Fenster muss auf die erhöhte Unfallgefahr durch herabfallende Glasscherben geachtet werden.

5.5 Vornahme einer Klappleiter

Eine Klappleiter kann von nur einer Einsatzkraft vorgenommen werden. Die Einsatzkraft entnimmt die Klappleiter mit Unterstützung des Maschinisten vom Fahrzeug und trägt sie zum Einsatzobjekt. Dort wird die Klappleiter senkrecht aufgerichtet und durch leichtes Stoßen auf den Boden auseinandergeklappt und in Stellung gebracht. Die Klappleiter darf bei der Benutzung nur mit einer Person belastet werden.

Hinweis: Klappleitern dürfen nicht als Hebel für schwere Lasten eingesetzt werden! Bei der Verwendung als Rammbock zum Öffnen versperrter Zugänge besteht außerdem eine erhebliche Verletzungsgefahr, wenn die Leiter dabei ungewollt auseinanderklappt!

5.6 Selbstkontrolle und Testfragen

(Lösungen siehe Seite 72)

1. Wie weit muss eine Leiter über die Einstiegsöffnung hinausragen?

a) Mindestens 75 Zentimeter (zwei Sprossen)
b) Mindestens eine Sprossenbreite
c) Mindestens 1 Meter (drei Sprossen)
d) Je nach Einsatzhöhe zwei bis drei Sprossen

2. Welche Einsatzgrundsätze sind gemäß Feuerwehr-Dienstvorschrift FwDV 10 zu beachten?

a) Der Anstellwinkel der Leiter muss 65 bis 75 Grad betragen.
b) Die Leiter muss an sicheren Auflagepunkten angelegt und beim Besteigen gesichert werden.
c) Die Leiter muss an der Einstiegsöffnung mit einer Feuerwehrleine gesichert werden.
d) Von der Leiter aus dürfen keine Strahlrohre eingesetzt werden.

3. Mit wie viel Einsatzkräften wird eine Steckleiter vorgenommen?

a) Mit vier Einsatzkräften (zwei Trupps)
b) Mit drei Einsatzkräften
c) Mit zwei Einsatzkräften (ein Trupp)
d) Die erforderliche Anzahl legt im Ermessen des Einsatzleiters, da es keine Vorgaben gibt.

4. Wer bestimmt die Anzahl der einzusetzenden Steckleiterteile?

a) Der Zugführer
b) Der Truppführer am Leiterkopf
c) Der Truppmann am Leiterkopf
d) Der aufsteigende Trupp

5. Mit wie viel Einsatzkräften wird eine Schiebleiter vorgenommen?

a) Mit vier Einsatzkräften (zwei Trupps)
b) Mit drei Einsatzkräften
c) Mit zwei Einsatzkräften (ein Trupp)
d) Die erforderliche Anzahl legt im Ermessen des Einsatzleiters, da es keine Vorgaben gibt.

6. Mit welchem Knoten wird das Bedienungsseil der ausgezogenen Schiebleiter gesichert?

a) Mit einem Zimmermannsstich
b) Mit einem Mastwurf
c) Mit einem doppelten Mastwurf
d) Mit zwei Halbschlägen
e) Mit einem Schiebleiterknoten

7. Mit wie viel Einsatzkräften wird eine Multifunktionsleiter vorgenommen?

a) Mit vier Einsatzkräften (zwei Trupps)
b) Mit mindestens drei Einsatzkräften
c) Mit zwei Einsatzkräften (ein Trupp)
d) Die erforderliche Anzahl legt im Ermessen des Einsatzleiters, da es keine Vorgaben gibt.

8. Welche Sicherheitsmaßnahmen sind bei der Verwendung einer Multifunktionsleiter mit Aufsteckleiter zu beachten?

a) Die Aufsteckleiter ist mit einem doppelten Mastwurf zu sichern.
b) Die drei obersten Sprossen der Aufsteckleiter dürfen nicht benutzt werden.
c) Die vier Steckhaken müssen auf den Sprossen der Multifunktionsleiter aufgesteckt sein.
d) Die Aushebesicherung muss einrasten.

6 Literatur- und Quellenverzeichnis

HAMILTON, W.: Handbuch für die Feuerwehr, 21. Auflage 2012, Verlag Richard Boorberg Verlag GmbH & Co. KG, Stuttgart

SCHOTT, L., RITTER, M.: Aktuelles Grundwissen für den Dienst in der Feuerwehr, 19. Auflage 2016, Wenzel Verlag, Marburg

ZAWADKE, TH.: Tragbare Leitern, Rotes Heft/Ausbildung kompakt 204, 2. Auflage 2016, Verlag W. Kohlhammer, Stuttgart

DIN-Normen, Bezug bei der Beuth Verlag GmbH, Burggrafenstr. 6, 10787 Berlin

Feuerwehr-Dienstvorschrift FwDV 10 „Die tragbaren Leitern“, Stand 1996, Verlag W. Kohlhammer Deutscher Gemeindeverlag GmbH, Stuttgart

DGUV Vorschrift 49 „Unfallverhütungsvorschrift Feuerwehren“, aktualisierte Ausgabe 2005, mit Durchführungsanweisungen vom Juli 2003, Deutsche Gesetzliche Unfallversicherung e.V., Berlin

DGUV Grundsatz 305-002 „Prüfgrundsätze für Ausrüstung und Geräte der Feuerwehr“, Ausgabe September 2013, Deutsche Gesetzliche Unfallversicherung e.V., Berlin

DGUV Information 205-010 „Sicherheit im Feuerwehrdienst – Arbeitshilfen für Sicherheit und Gesundheitsschutz“, Ausgabe Januar 2006, aktualisierte Fassung Juli 2011, Deutsche Gesetzliche Unfallversicherung e.V., Berlin

DGUV Information 208-016 „Handlungsanleitung für den Umgang mit Leitern und Tritten“ Ausgabe November 2007, Deutsche Gesetzliche Unfallversicherung e.V., Berlin

„Informationsbroschüre für Multifunktionsleitern“, Stand: März 2005, Günzburger Steigtechnik GmbH, Günzburg

Lösungen zu Kapitel 2.5: 1. a) bis c); 2. a) und c); 3. a), c) und e); 4. a), d) und e)

Lösungen zu Kapitel 3.7: 1. a), b) und d); 2. a), c) und d); 3. c); 4. c); 5. a), b) und d); 6. a) bis c); 7. a) und d)

Lösungen zu Kapitel 4.6: 1. d); 2. b) und e); 3. c); 4. a)

Lösungen zu Kapitel 5.6: 1. c); 2. a) und b); 3. a) und b); 4. b); 5. a); 6. b); 7. c); 8. b), c) und d)